住宅设计解剖书

让家更好住的 88 个法则

[日本]X-Knowledge 出版社　编

江凡　译

江苏凤凰科学技术出版社 · 南京

图书在版编目 (CIP) 数据

住宅设计解剖书. 让家更好住的 88 个法则 / 日本 X-Knowledge 出版社编 ; 江凡译 . -- 南京 : 江苏凤凰科学技术出版社, 2022.6
ISBN 978-7-5713-2936-5

Ⅰ. ①住… Ⅱ. ①日… ②江… Ⅲ. ①住宅－室内装饰设计－日本 Ⅳ. ① TU241

中国版本图书馆 CIP 数据核字 (2022) 第 082143 号

住宅设计解剖书 让家更好住的 88 个法则

编　　者 [日本] X-Knowledge 出版社
译　　者 江　凡
项目策划 凤凰空间 / 罗远鹏
责任编辑 赵　研　刘屹立
特约编辑 罗远鹏

出版发行 江苏凤凰科学技术出版社
出版社地址 南京市湖南路 1 号 A 楼, 邮编: 210009
出版社网址 http://www.pspress.cn
总 经 销 天津凤凰空间文化传媒有限公司
总经销网址 http://www.ifengspace.cn
印　　刷 北京军迪印刷有限责任公司

开　　本 889 mm×1 194 mm　1/16
印　　张 10
字　　数 150 000
版　　次 2022 年 6 月第 1 版
印　　次 2022 年 6 月第 1 次印刷

标准书号 ISBN 978-7-5713-2936-5
定　　价 79.80 元

图书如有印装质量问题, 可随时向销售部调换 (电话: 022—87893668)。

目录

第4章

布局设计的13项法则 083

第5章

绿色环保住宅的22项好住法则 109

第1章

室内装饰的28项法则

本章介绍了以让户主“心情舒畅、感觉愉悦”为目的的室内装饰设计“好住法则”。
开篇以基本的技巧做铺垫，
希望这些“好住法则”多多少少能够用于实际的家装中。

好住法则

01

室内装饰

完美展现室内装饰的基本技巧

统一色调

当对于设计没有绝对的自信时，统一室内装饰的色调可以防止色彩搭配的失败。例如，墙壁和天花板用白色、乳白色和原色进行统一，如果地板也用亮色的组合进行设置的话，就很容易把握整个色彩组合的平衡了。如果踢脚线、门窗、框、架和台面等定制家具也跟地板的颜色匹配，那么就没有问题了。在制作定制的架子、收纳柜和其他家具时，要防止室内装饰的平衡被破坏。

若在遵循这个法则的同时再稍做调整，室内空间则更丰富。例如，墙壁和天花板是统一的白色调，墙壁凹凸的部分使用了泥瓦，天花板也可以使用刷了白漆的木头。这种程度的调整，不会破坏色彩的平衡。另外，在整面涂色的墙壁上添加一些暗色能使室内装饰更加自然。

尽可能减少空间的线条和凹凸

说起住宅室内装饰，最常见的基本技巧就是“尽可能减少空间的线条和凹凸”了，原因是这样会使室内空间更简洁。这里所说的“线条”就是制作、安装替换和放置的门窗框、踢脚线以及沿椽木等，“凹凸”当然就是指柱子和梁，此外还有垂墙和袖墙（日本住宅中门窗等开口处两侧的窄墙）。由于室内空间有限，如果房间的线条和凹凸太多，就会非常显眼，使房间显得更加狭窄，让居住者心神不宁。相反，如果没有那么多的线条和凹凸，或者不那么显眼，房间就会更显宽敞、更舒适。

如果必须要在有饰面的墙壁上加装墙柜或踢脚线等，就给它们涂上和墙壁相同的颜色，尽可能地缩小面积，使之不引人注意。另外，为了尽可能不出现垂墙和袖墙，也可以调整门窗的位置、大小和天花板的高度等。

门的颜色和墙壁的颜色相统一。

踢脚线的颜色与墙壁颜色保持一致。

墙壁和土间（日本住宅中没有铺设地板的地面）的色调相统一。

隐藏内部门窗的边框

减少空间线条和凹凸的意思就是不仅要将内部门窗的边框隐藏起来，就连门窗本身的存在感削弱，使它们看起来像墙壁一样，这样的话墙壁看起来就会更宽阔，整个室内空间也会显得更宽敞。最简单的方法就是使用和墙壁同一色调的门窗，而且门把手要尽可能使用不起眼或者没有特点的设计。如果是拉门的话，也可以只设置拉槽。

不在天花板上设置照明设备

室内装饰应该以白天自然光状态下的美感为基准。因此晚上也以自然光为前提考虑照明设计的话就不会有违和感。如果以自然光为前提考虑，那么光线从天花板往下照射就很不自然。另外，电灯泡刺眼的光照到房间里也非常不合适。

在起居室和玄关大厅可以尝试一种不设置照明设备的照明设计。比如，用安装在墙壁上的聚光灯照射天花板，也可以在架子上面设置照明设备，照亮附近的墙壁和天花板。另外，即使是间接照明，只要调整照明设备的数量及亮度，就能达到住户的要求，让天花板看起来更清爽，空间看起来也更宽敞。

统一尺寸

室内装饰要想看起来不那么凌乱，其中一个办法就是“统一尺寸”。比如，统一窗户的高度，统一门的高度，统一家具的高度。另外还有统一窗户间的间距，统一间距相等的家具的宽度等。将所有的尺寸都进行统一，空间看起来就井然有序了。此外，这样有序的空间也会让人心情愉悦。

从统一尺寸来说，在楼梯上设计格栅也是一个好方法。用一整块910 mm宽的格栅来设置窗户、门、收纳和家具等，这样做可以在室内装饰和布局上，起到经济性和构造性两方面兼顾的效果。

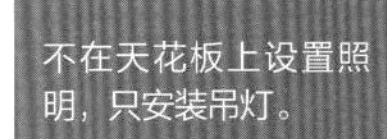

通过窗户和挑空做出视野开阔的空间

不管房间的大小如何，做出视野开阔的空间很重要。即使房间有20叠（1叠约为1.65 ㎡，20叠约为33 ㎡），天花板有2.5 m高，只要是住宅，墙壁和天花板就“近在咫尺”，无法消除压迫感。如果均衡地配置窗户和挑空，消除压迫感，那么室内空间就会显得更加宽敞。特别推荐的是在经常使用区域的前面设置窗户。比如，在厨房工作台和沙发等长时间停留区域的前面设置窗户。另外设计一个挑空也不错，不过如果空间没有设计挑空的富余空间，那么在客厅设计楼梯，将楼梯空间当挑空来使用也不错。

将设备隐藏起来

和照明一样，设备也会影响室内空间的整体效果，因此只要尽量将设备设置得不起眼，就不会破坏室内的氛围。如果是空调，可以设计一扇百叶窗将正面部分隐藏起来；如果是录像机，可以用不影响遥控器红外线的材料做一个前面有门的家具，将录像机放进去；如果是冰箱，可以设计一个前面有门的家具将冰箱隐藏放置在不会从客厅直接看见的地方。厕所的坐便器和盥洗台等设置在门打开的时候，从客厅和餐厅不能直接看见的地方。

通过这几个方面的考量，室内装饰的品位就能大大提高。

着色地板材料的不规则铺设

根据户主的意愿，在樱桃木制成的不规则地板材料的表面涂上白色系和棕色系的木材保护涂料，铺设成色彩纷繁的样子。就像住了很久的古老民居不停地修补和替换的地板一样，有一种古老陈旧的感觉。

（梦・建筑工作室）

\好住法则/

02

室内装饰

让地板更吸引人

正是因为铺设地板是必不可少的室内装饰环节，才需要在材料和铺设方法上下功夫，在符合室内装饰的氛围上动脑筋。因为我们经常会近距离观察或光脚踩在地板上，所以在色调及纹理上十分考究。

南美红檀的连廊

这是将南美红檀用于连廊材料的案例。这种原产于巴西的山榄科阔叶树，从很早开始就作为港口建材被使用。它有很好的防腐性和耐久性，材质也相当坚硬。比起重蚁木和菩提木等连廊材料，价钱便宜，供给稳定，色泽也很均匀，非常推荐。

（三五工务店）

杉木上小节地板材料

节少的上小节（日本对木材等级的划分标准之一。由高到低分别为，无节、上小节、小节、有节四个等级。上小节指木材表面的节疤直径小于6 mm）杉木虽然比一等木材的价格还要高，但一等木材在节的数量上有偏差，再加上节很显眼，考虑成品率的话，二者基本没有价格差异。这种木材基本是没有经过涂漆制成的，脏了的地方用水擦拭后就会脱落，持续使用就会呈现出自然的光泽。

（木船设计工作室）

\好住法则/

03

室内装饰

通过表面加工让板材外观和触感发生变化

如果木材的表面加工也能做到很出色，那么就能变成内部装饰的亮点，特别是用在色彩单调的简约式设计和木材占比多的设计当中，都非常有效果。当然，不仅仅是外观，触感也会让人心情愉悦。

名栗加工的地板材料

这是一个在杉木复合板的表面采用名栗加工法（在方形木材或板材表面手工削出斜纹、凹陷纹等纹理的日本传统加工方法）的案例。经过该工艺处理的地板材料不仅外观让人印象深刻，触感也很好。光着脚踩在地板上，让人心情愉悦，而且防滑的效果优良。

（扇建筑工作室）

浮造加工的地板材料

这是在杉木复合板的表面经过浮造加工（反复摩擦木材表面使木纹更加凹凸有质，使年轮完全凸显的加工方法）的案例。经过浮造加工的地板材料在突出天然木材美感的同时，可以感觉到舒适的触感。

（扇建筑工作室）

名栗加工的玄关门

在隔热性、密封性很好的木质窗框表面采用以名栗加工法加工的三层杉木交叉面板把栗木加工的材料用在玄关，特别能够增加玄关的质感和存在感。

（扇建筑工作室）

杉木复合板的书架

这是一个用杉木复合板组装书架的案例。因为是实木杉木板，材料的质感很好，就算横断面露在外面看起来也不会有廉价感。另外，像成材芯板一样，通过简单的木工加工和组装就可以完成，因此逐渐成为定制家具的材料。

（佐藤工务店）

好住法则

04

室内装饰

可用于定制家具的杉木复合板

用3块杉木板正交、层压形成的木板可以做出1块尺寸很大的木板，用于各式家具和台面材料。既便宜，又易于加工。

杉木复合板的盥洗台

用杉木复合板做成的盥洗台。杉木复合板是只能作为台面材料使用的有厚度和强度的木板，因此可以制作成这样简单的盥洗台。这里使用的是厚35 mm的木板，在台面上切割一个可以放入盥洗池的洞，这个设计是在台面的前面做了一个前框，将横断面隐藏起来。侧面的木板将横断面的层压完全地露在外面。

（佐藤工务店）

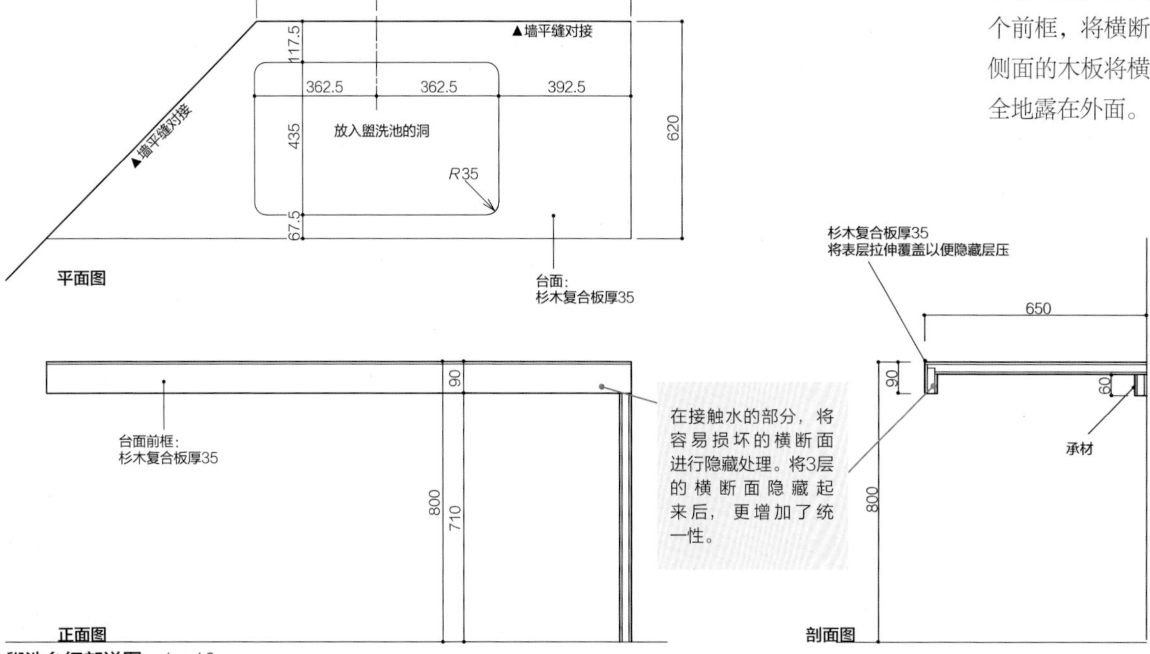

盥洗台细部详图 1：10

注：本书图中所注尺寸除注明外，均以毫米为单位。

\好住法则/

05

室内装饰

使用有个性的饰面材料

仅通过大面积使用室内装饰板和壁纸进行饰面，就可以决定室内装饰的氛围。但是，有个性的材料对于室内装饰的适应性要求较高，因此要十分留意使用的场所和面积。

水泥刨花板的天花板

用混凝土将带状木头碎片凝固成水泥刨花板，该板材表面纹理独特，那种无过多装饰的冷淡与厚重给空间一种鲜明的感觉，与混凝土饰面的室内装饰非常搭配。尽管是木质建筑，也能和在图中恬静色调的室内装饰很好地融合在一起。

（MOLX建筑社）

越前和纸壁纸

变换一下墙壁和天花板的材料和色调，就能做出日式的感觉。使用壁纸的时候，不使用和墙壁相同的白色，可以根据环境颜色和实际情况选择和纸壁纸。这里的壁纸是用越前和纸（日本福井县越前市所产的和纸，其品质、种类和产量位居日本第一）裱里，因此比通常的和纸壁纸更有质感。像左图里一样，用在玄关与和室的天花板上应该会很不错。

（神奈川绿色环保住宅）

木曾Artek和纸的高级感

铺在壁橱门上的和纸，最好的就是木曾Artek（木质家具用品公司）的壁纸。有多样的使用方法：左上图的壁橱门是将和纸涂上了蓝色，左下图的吊柜门是在和纸表面涂上了漆。如果用在墙壁的一部分和门的表面，就会让这种独特的质感成为内部装饰的亮点。

（安城工务店）

有除臭功能的壁纸

本案例使用了具有清新空气功能的壁纸，这项功能具有半永久性。另外，表面厚厚的涂膜提升了触感，如果接缝不显眼的话，就像水泥墙一样。交房的时候可以消除新房特有的异味，深受住户的好评。

（木船设计事务所）

\好住法则/

06

室内装饰

用坚硬的原材料提升室内装饰的档次

仅使用石头或砖块等有重量和质感的建材，就能够提升室内装饰的档次，营造出高级感。若边缘处理不当，则会显得十分廉价，因此一定要注意处理方式。

用院内石堆成的墙壁

使用秋田县汤泽市院内地区开采的凝灰岩石材，不仅可以提高热容量，还可以让室内空间给人从安定和宁静感。石材是坚硬的原材料，但适度的风化纹理使外观更加柔和。利用原材料的厚度，让侧面外露。

（MOLX建筑社）

废弃砖块垒成的墙壁

拥有百年以上历史的建筑被拆除时，可以将其砖块切成薄片重新作为建材使用。这种砖块可以用于风格偏古旧的商业设施等室内装饰，也十分适合多以木材和金属等原材料建成的住宅。

（三五工务店）

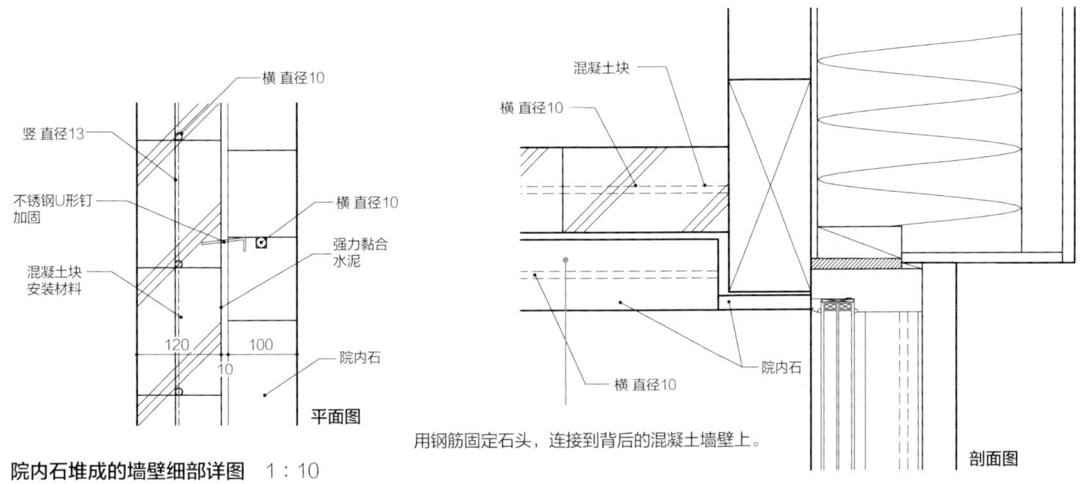

用钢筋固定石头，连接到背后的混凝土墙壁上。

院内石堆成的墙壁细部详图 1：10

\好住法则/

07

室内装饰

清新雅致的窗户能成为全屋的亮点

起居室里大大的窗户是房子的亮点。用窗框、墙壁、地板、天花板和柱子等将金属框完美地隐藏起来，若想要从室内只看见玻璃，则需要在细节设计上下功夫。

木结构双层玻璃幕墙

考虑到室内的采光和日照等条件，挑空不能缺少大的窗户。但是，若所有的窗户都用金属窗框制成的话，会增加预算，窗框也格外显眼、不美观。如果有扇不经常开关的窗户，在主体结构的外侧安装上玻璃做一个木结构玻璃幕墙的话，应该会很不错吧。另外，设计的时候如果考虑隔热性能，最好采用太阳得热系数和导热系数平衡性好的玻璃。

（三五工务店）

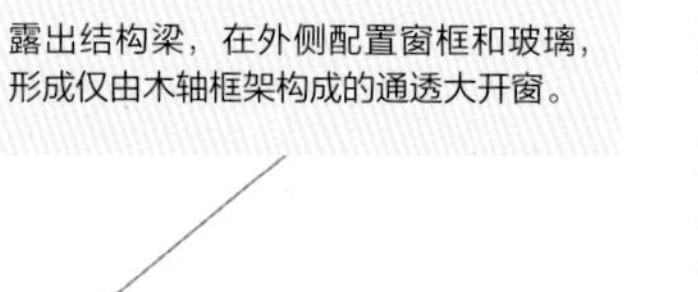

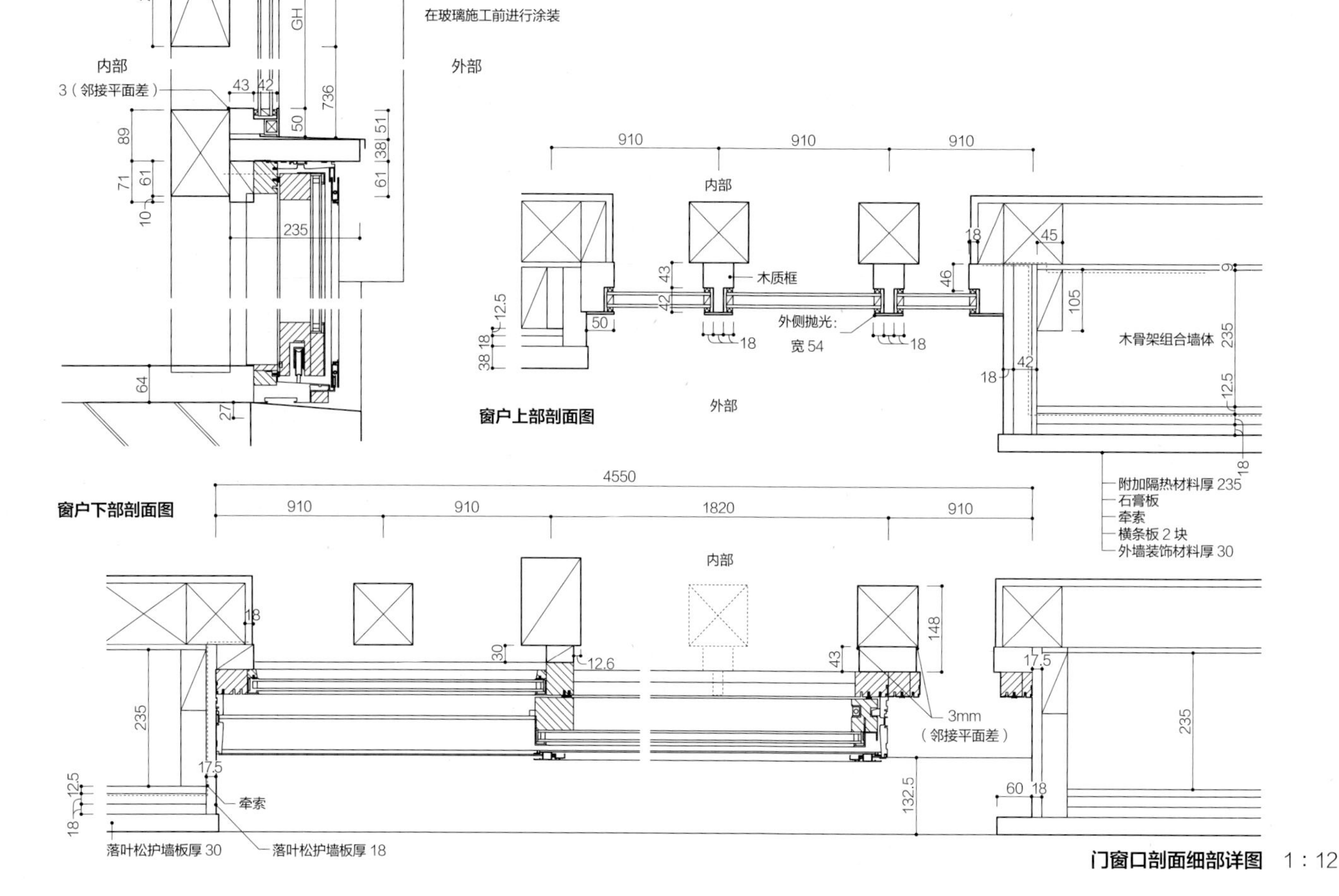

门窗口剖面细部详图 1：12

HOME

隐藏树脂边框

这是把树脂边框的固定窗户设计成无框窗的案例。在安装的木框四周都围上密封材料，安上边框，用压条固定住，只在下面的部分包上金属板。最后在缝隙处做密封防水。如果还有防水方面的顾虑，那么再在窗户上面的房檐处做好防护就没有问题了。下图是用美洲松制作的百叶窗式天花板。用刨床将木材加工成横截面为30 mm×40 mm的吊顶木筋材料，留出20 mm的缝隙，横向固定。从缝隙中可以看见底层涂着红褐色天然涂料的落叶松胶合板。

（有机工作室新潟支店）

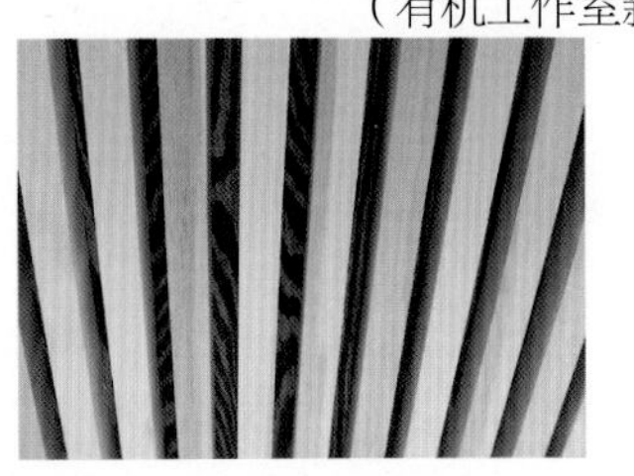

树脂边框的固定窗省略了金属边框，只将玻璃安装在柱子的外侧。

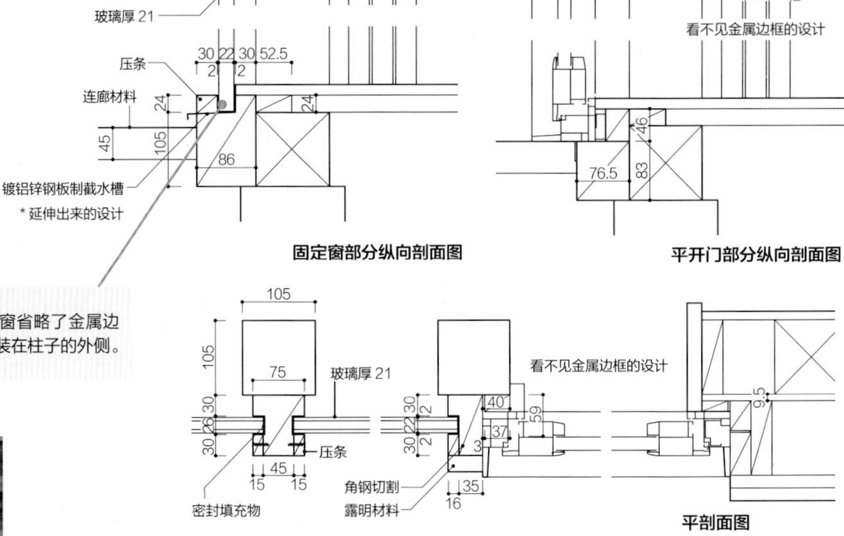

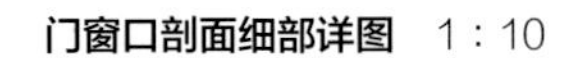
门窗口剖面细部详图 1：10

木质的内凹踢脚线

将胶合板材质的踢脚线连接到立筋上，再在上面铺上比踢脚线还厚的石膏板底，由此做成内凹踢脚线。通过简单的组装，就完成了带有阴影的内凹踢脚线。

（三五工务店）

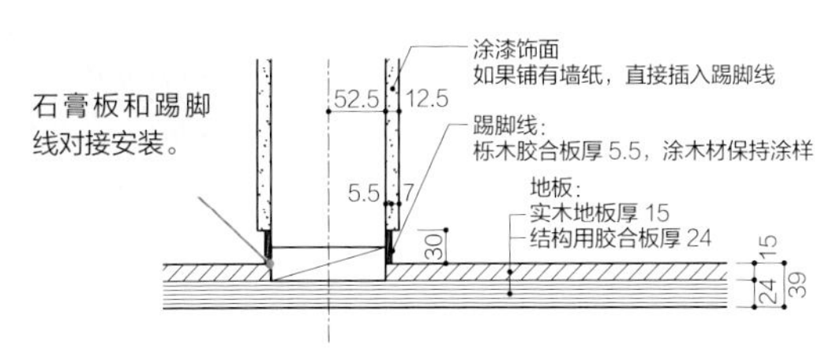

木质内凹踢脚线剖面细部详图 1：10

混凝土内凹踢脚线

在底层的混凝土上涂抹一定厚度的灰泥，只有下面的部分露在外面，做成内凹踢脚线的案例。预先的养护和泥瓦匠精细的施工是重点。

（三五工务店）

好住法则

08

室内装饰

让室内装饰风格发生巨大变化的内凹踢脚线

经常可以看见白墙搭配木质地板的室内装饰。这样的印象很大一部分来源于什么呢？那就是对端部的处理。一般做成内凹踢脚线的墙壁，下端产生阴影，让整个空间看起来很鲜明。

铝制端部的内凹踢脚线

这是将铝制端部钉在底层，在上面放置石膏板的案例。如果端部线在墙面上稍微露出一些，就会变成更鲜明的内凹踢脚线。

（三五工务店）

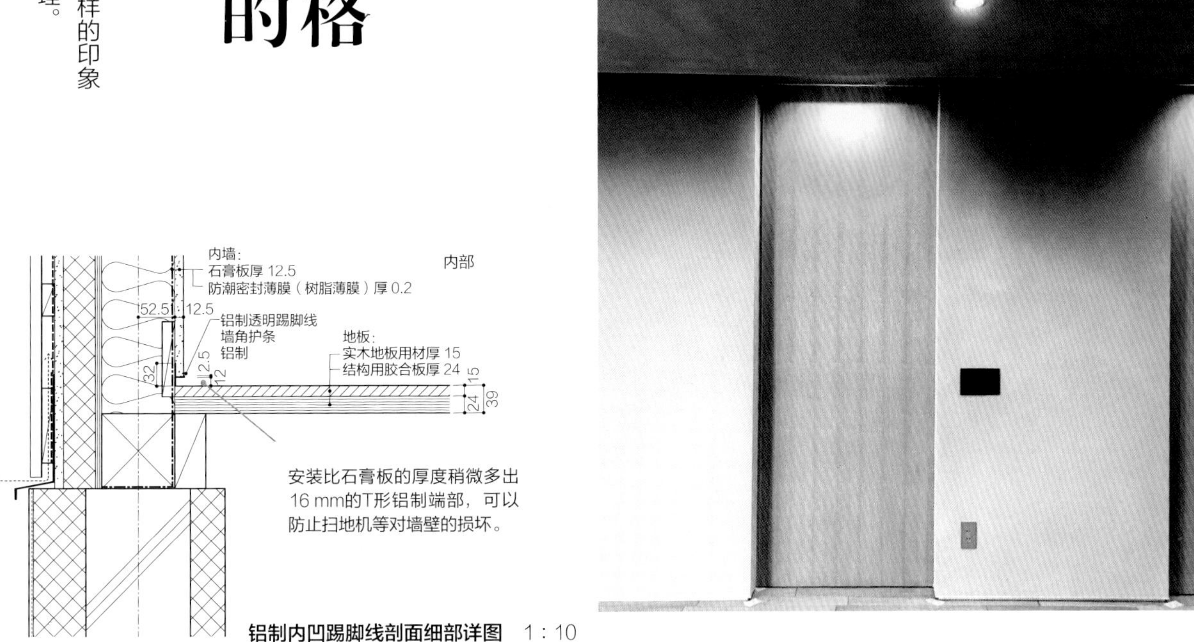

铝制内凹踢脚线剖面细部详图 1：10

木质悬臂楼梯

这一案例是不用钢架而用木质材料做成的轻盈楼梯。楼梯的框架是用胶合板组装的，上面排列着楼梯板。框架侧面的面积压缩了一半，并且为了和周围的室内装饰融为一体，用和墙壁一样的MOISS面材（防火、调湿的室内装饰板材）进行覆盖。另外，楼梯的踏步板用稍暗一些的黑色涂漆，这样使楼梯看起来就像只有踏步板而没有支架一样轻盈。

（佐藤工务店）

\好住法则/

09

室内装饰

让楼梯成为亮点

对于住宅来说，楼梯是装修工程中为数不多的关键。在狭小的住宅里，一定会成为最吸引人眼球的地方。怎样才能设计出有魅力的楼梯呢？

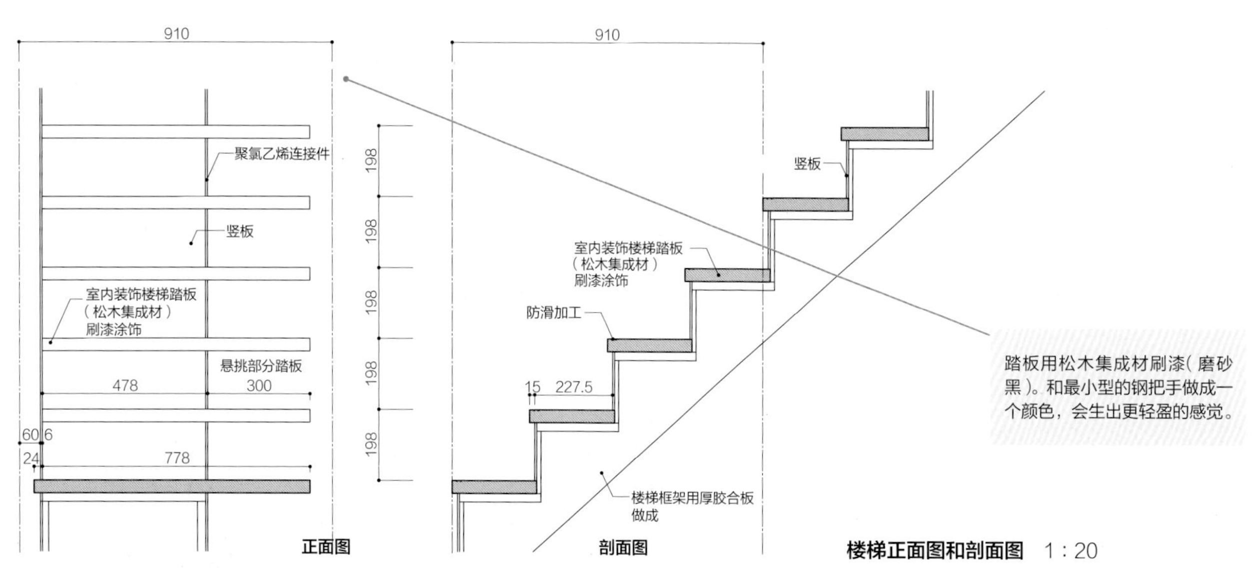

踏板用松木集成材刷漆（磨砂黑）。和最小型的钢把手做成一个颜色，会生出更轻盈的感觉。

楼梯正面图和剖面图 1：20

预切木质楼梯

楼梯是用上小节的杉木预切制作而成的。像成品那样进行简单地施工即可完成，可以减轻现场木材加工的烦琐。另外，为了表现设计感，在楼梯踏板上安装踏步侧板的各处嵌入踢板，然后用黏合剂进行固定。

（木船设计工作室）

踢板收纳楼梯

这是踢板的一部分作为收纳抽屉的案例。楼梯作为面对客厅的设施，放入一些生活里的小物品刚刚好。虽说只是收纳，但踢板的部分还是要使用有一定厚度的材料。

（梦·建筑工作室）

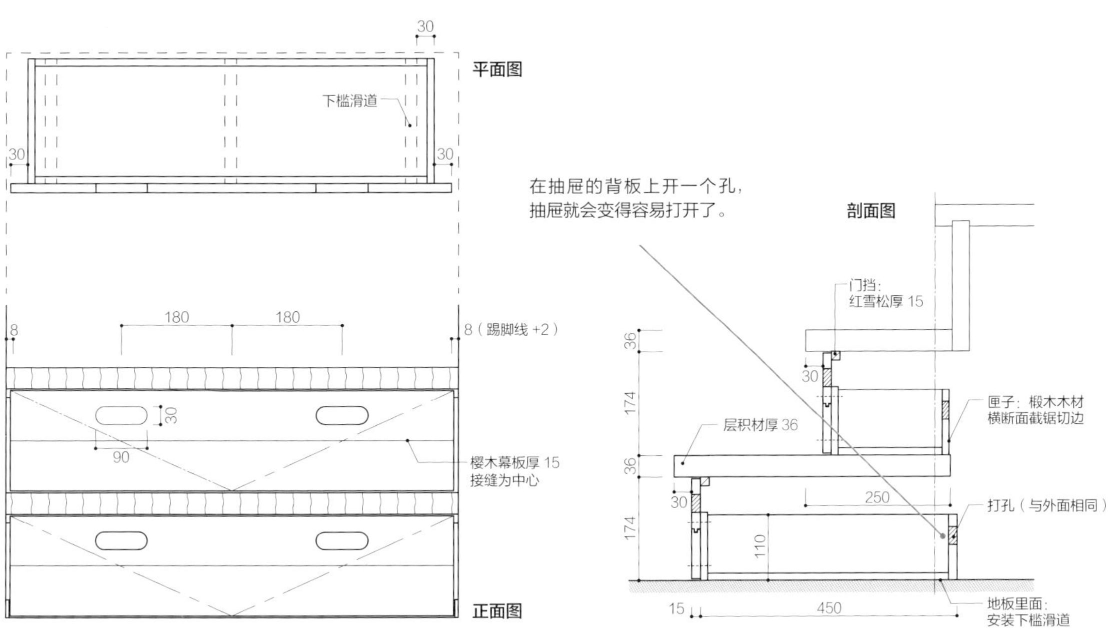

楼梯收纳细部详图　1：12

好住法则

10

室内装饰

天花板照明

如果重视室内装饰的话，就会精心设计室内照明。根据想要的室内装饰空间风格，配置建筑化照明、向下照射的灯和聚光灯等。

天花板的嵌入灯照明

把灯泡等照明器具隐藏起来，只看见光，是建筑设计的基本原则之一。这里用乳白色的丙烯酸树脂板把照明设施嵌入天花板内部，获得自然的光线。

（佐藤工务店）

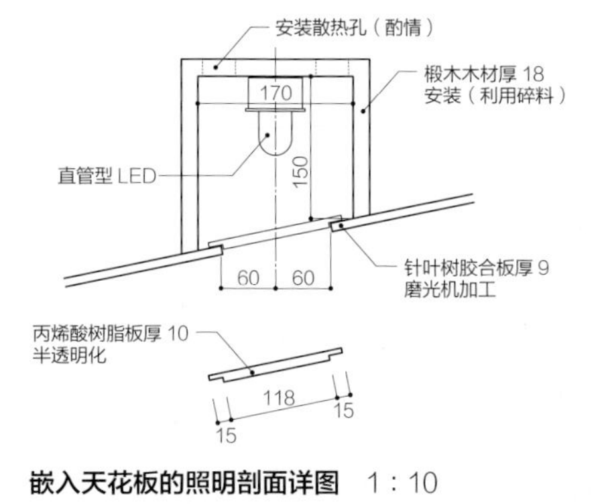

嵌入天花板的照明剖面详图 1：10

成品天花板照明

向下照射的灯做成内嵌型的是最好的，但是由于天花板基础和空间问题无法嵌入的时候，可以选择简单的照明设计。

（三五工务店）

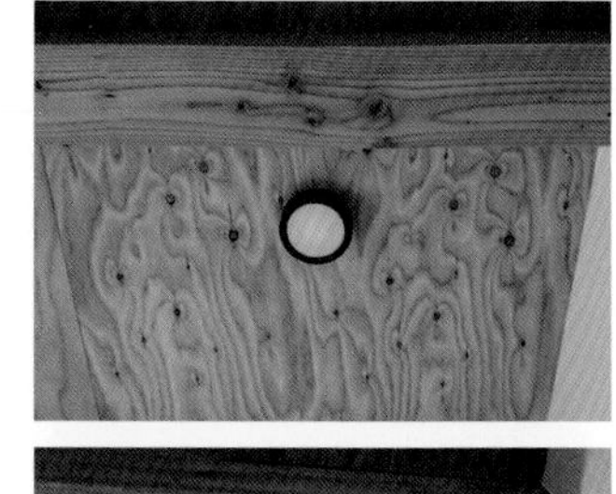

好住法则 11

室内装饰

把洗衣机收起来

家电的设计性虽然在不断增强，但不一定能与室内装饰的风格一致。有必要将放在显眼位置的大型家电收纳起来，或将它们变得不那么显眼。

这是为收纳洗衣机而做的家具。为了融入周围的空间，刷上白漆以减少压迫感。在上面的部分设计了一个可以放置洗衣液等物品的架子。

（饭田亮建筑设计室+ COMODO建筑工作室）

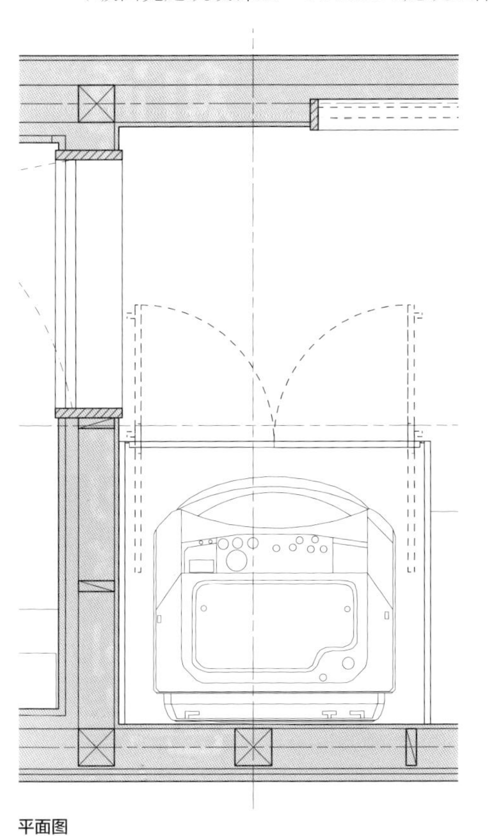

平面图

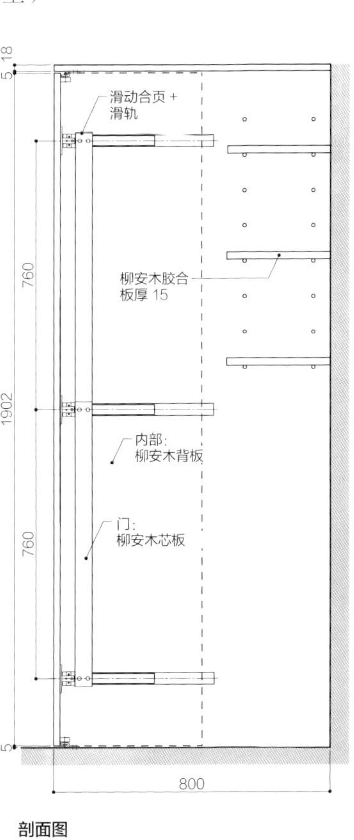

剖面图

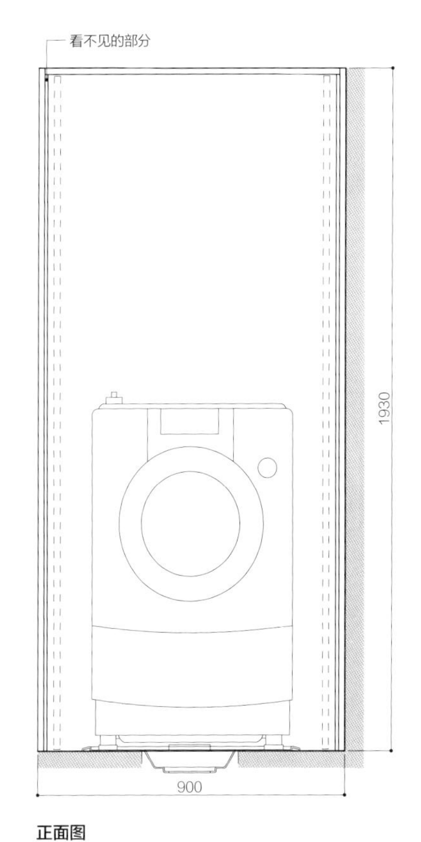

正面图

洗衣机收纳柜细部详图 1：20

上图：面向道路一侧的墙壁上，用道南杉木铺设外墙板。SUDO HOME公司的这一样板房墙壁上涂抹了硅藻泥。

左图：玄关处可以挂伞的扶手很有特点。

\好住法则/

12

室内装饰

通过有创意的室内装饰和定制家具体现特色

道南杉木 18×45
道南杉木 18×180
榆木集成材
方形道南杉木加工
隔热窗
20
66
444
530
192.5
道南杉木 18×45
道南杉木 18×180
192.5
370

信箱剖面图 1：15

卧室墙壁上设计了内开信箱。为了不让屋外空气进来，做了很好的密封。

打开玄关，和外墙的颜色融为一体的木质墙壁一直延伸到屋内。为了防止和玄关相邻的起居室全部暴露在视野中，墙壁向内收缩，增强了纵深感。

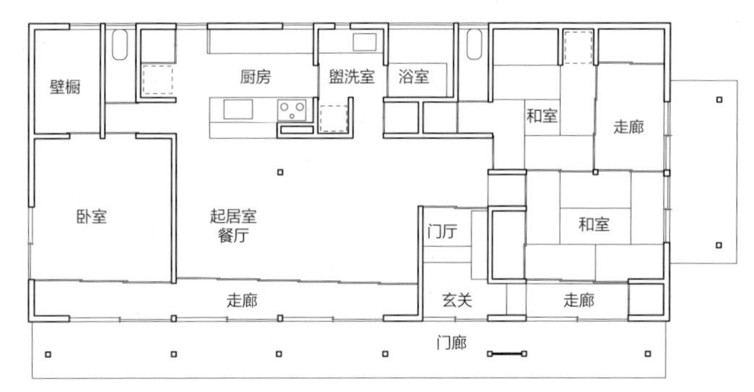

平面图 1：200

好住法则

13

室内装饰

用杉木和柏木做出美丽的室内装饰

这一案例是在滨松市郊沿路闲置的地皮上建造的平房。户主是夫妻二人和他们的父母。隔壁是户主的父母曾经住过的房子。

构造材料使用的是日本柳杉，四面露出的顶梁柱和部分梁使用了柏木，其中大多数明柱墙露在室内一侧。构造材料的连轴、榫是没有使用预切的手刻加工而成。考虑到木头的特性和木骨架等，用大的斜嵌槽接等传统连轴组成架构。而且，明柱墙的柱和梁都很显眼，与隐柱墙相比，易给人一种不风雅的印象。番匠（株式会社番匠）考虑到布局和木构架的合理性，保留了核心框架，使设计更加明快。

在室内一侧墙壁的多孔石膏板上刷灰泥，在用水区（厨房、厕所和浴室等区域）等易脏的地方刷漆进行涂饰。在该公司的设计中，土墙的占比也很高，占全部的4成，当然造价也高。在质感、调湿性能和蓄热性等方面的优点深受业主好评，多被采用。

天花板上的梁和柱子露在外侧，多用杉木或柏木等实木板材铺设。本案例中，使用的多为日本柳杉的实木板。另外，为了使天花板取得水平刚性，横梁的顶部高度要保持一致。

地板用的是柏木实木板。为了保持设计的协调，在天花板的制作中多使用杉木和柏木等针叶树的实木板。踢脚线、沿椽木、门窗框等也都使用杉木或柏木。

（株式会社番匠）

从餐厅看起居室。天花板的日本柳杉大梁露在外面，粗梁使用柏木。不同的梁都统一了高度，在上面铺设实木板。

从餐厅看厨房。墙壁上部分涂刷的灰泥，下部分是杉木板腰墙。顶梁柱使用的是2400 mm高的方形柏木。

从厨房看庭院。光线透过大面积落地窗把室内照亮。将隔开餐厅和起居室的纸拉门关起来，可营造出浓浓的和式氛围。

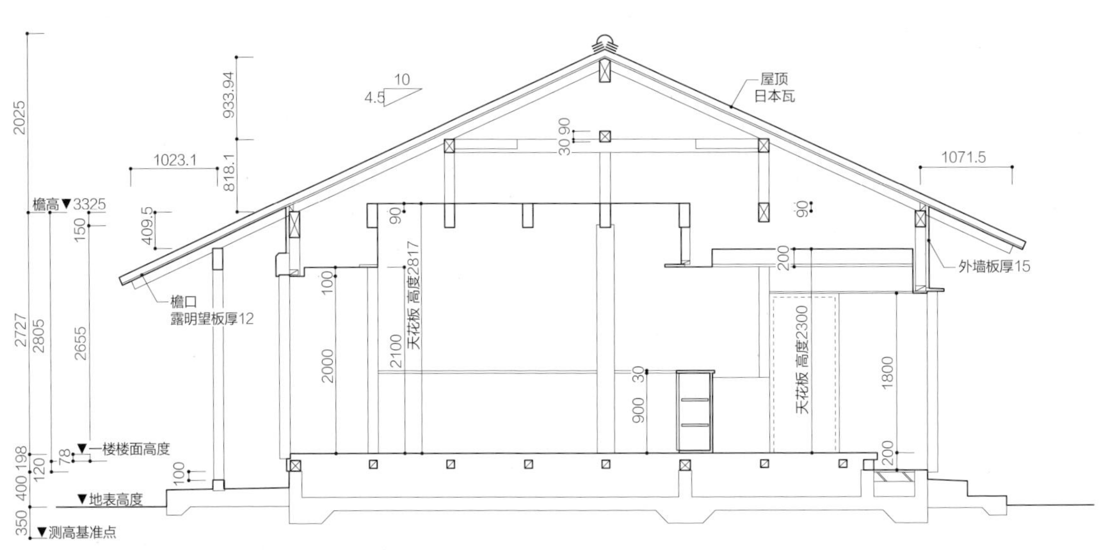

整体剖面细部详图 1：80

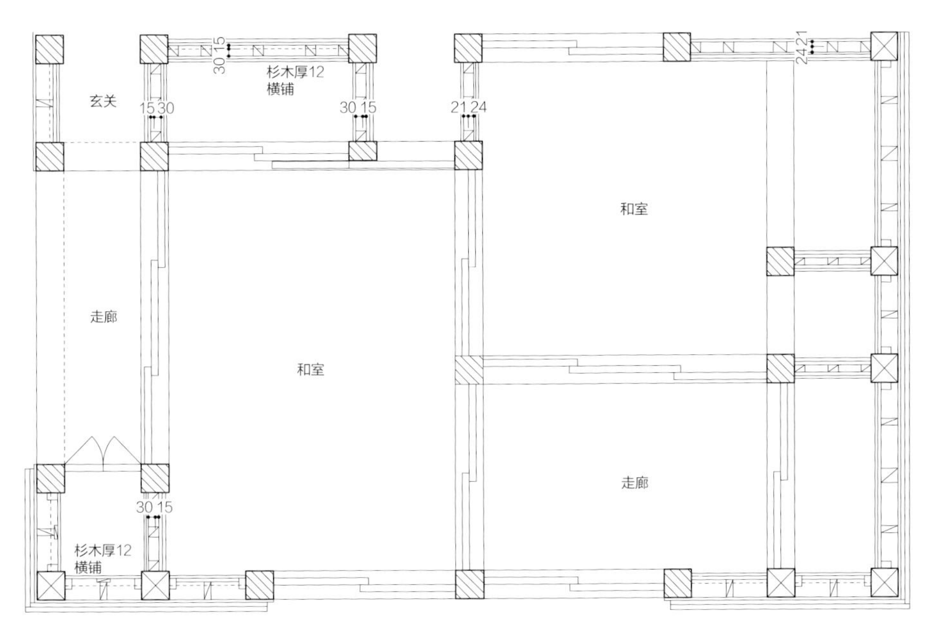

起居室平面图 1∶30

好住法则

14

室内装饰

用本地木材做出全面的设计

该案例的结构材料和建筑材料主要使用静冈当地的日本柳杉和柏木。设计公司与当地的木材商通过熟悉市场的牵线人联系，确保了木材的高质量。在设计公司负责的项目中，建有很多有明柱墙的房子，为了不破坏木头的颜色和气味，多使用自然风干和低温干燥的方法进行加工。考虑到木材的外露面和金属部件的位置，还巧妙地运用了“手刻法”，提高了设计感。

同时积极采用东海地区遗留的土墙。运用本地的土和工匠的技术，建造了许多家里有土墙的房子。

（株式会社番匠）

左图：从和室看里屋的空间和纸拉门。墙壁刷了有色灰泥，天花板上铺着有纹路的杉木板。

右图：从起居室看和室。面前的和室的开花板比起居室要低，通过空间的变化，营造出宁静的氛围。

好住法则

15

室内装饰

与室内设计风格相符的细节施工

连接跃层式建筑的楼梯把手，从一层延伸到二层，由一连串钢制把手构成。饭塚说：“把手还是现场焊接为好。”不过监理和金属物品制作专家正在探寻更好的方法。楼梯分为3个部分，在现场用螺丝连接。这样施工更容易，将来就算要将把手取下或替换，也很容易。使用完全看不见接口的把手，可增加整个房子的设计感。

（有机工作室新潟支店）

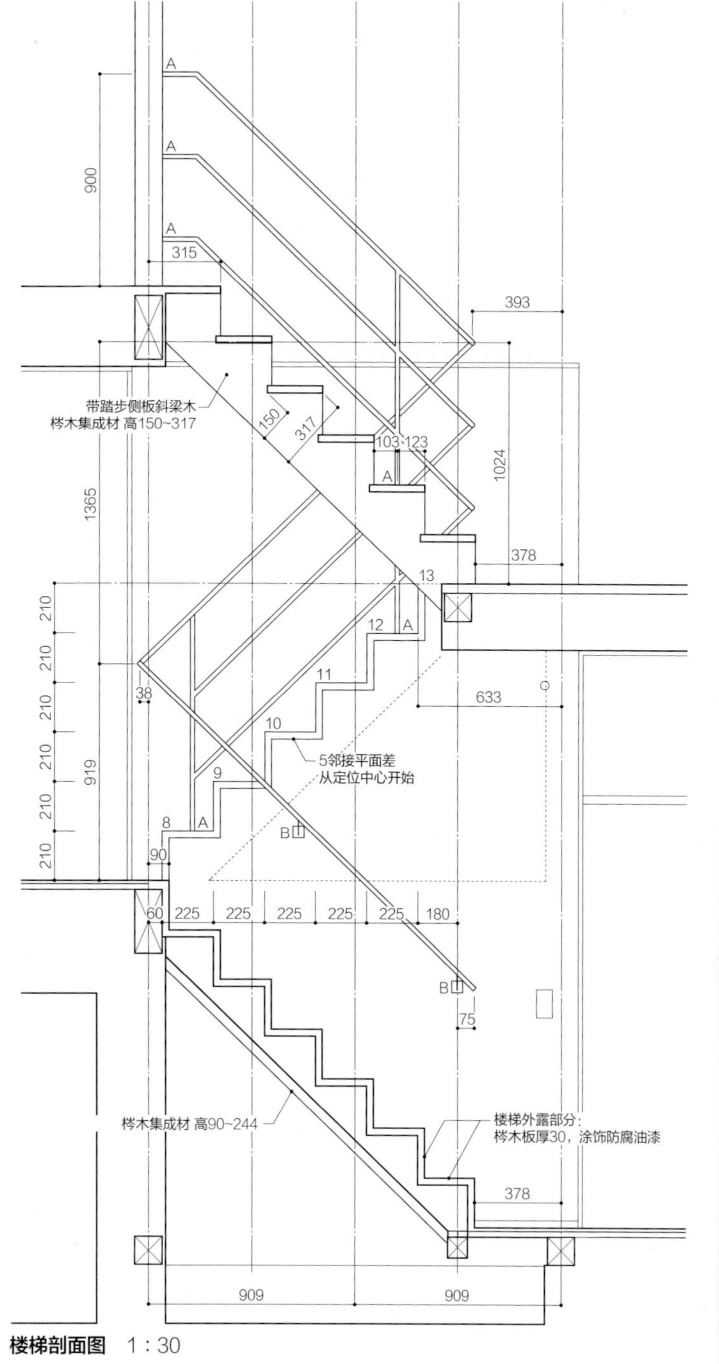

楼梯剖面图　1：30

在跃层式建筑里，连接各房间的楼梯间建议使用轻盈的黑色钢制把手。

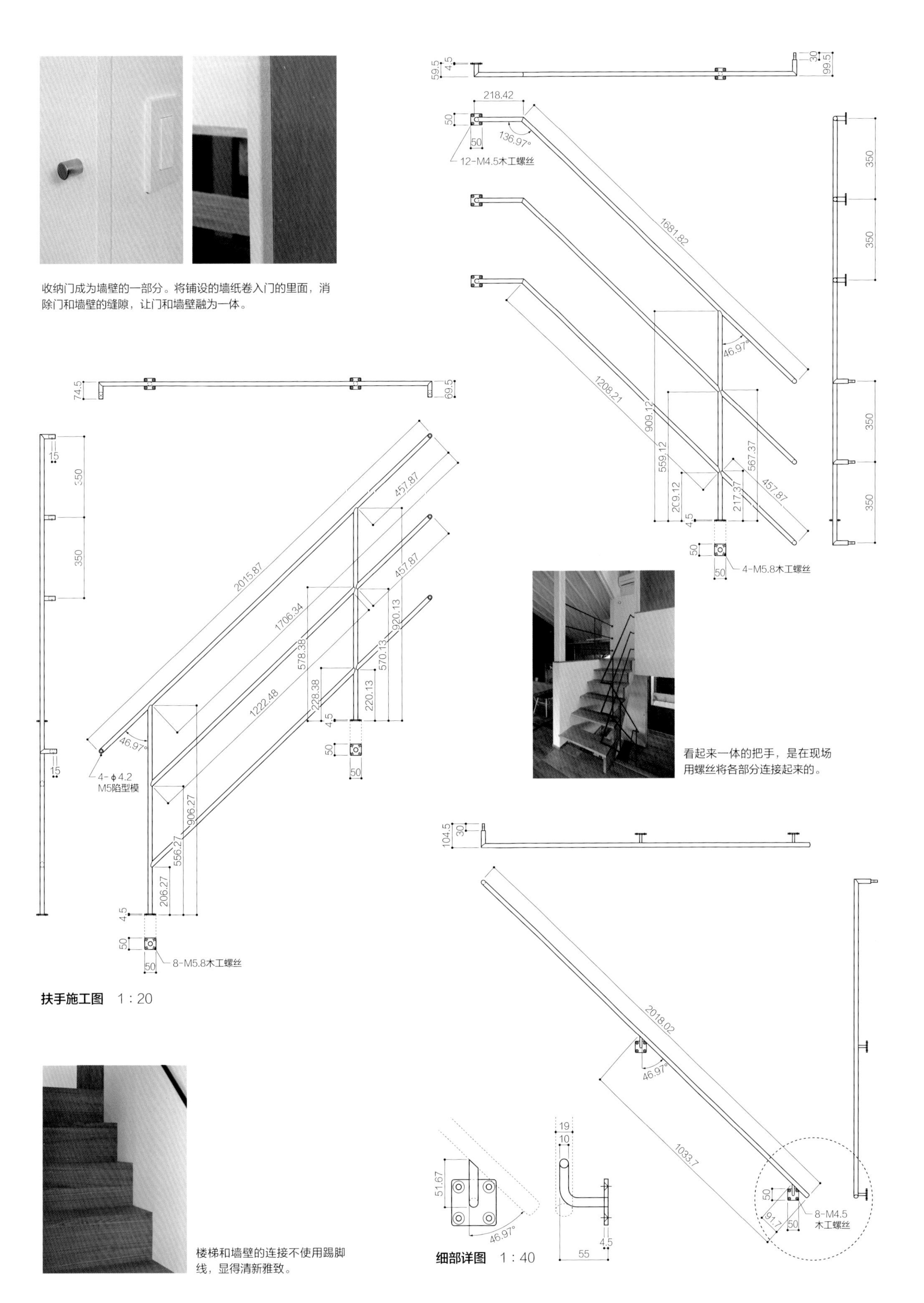

收纳门成为墙壁的一部分。将铺设的墙纸卷入门的里面，消除门和墙壁的缝隙，让门和墙壁融为一体。

看起来一体的把手，是在现场用螺丝将各部分连接起来的。

楼梯和墙壁的连接不使用踢脚线，显得清新雅致。

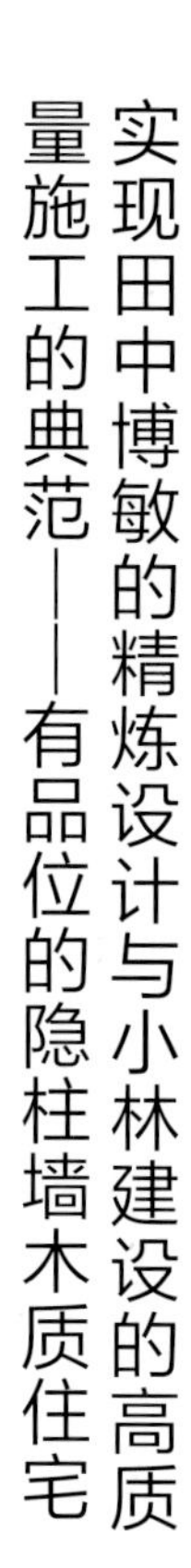

上图：从玄关看家庭房。左侧里边是和室客房。挑空的杉木梁和柏木顶梁柱非常有存在感。

下图：从餐厅看家庭房。南面有个两层高的大窗户。紧挨着二楼窗户设计了一个狭窄的廊道。

好住法则

16

室内装饰

和建筑师一起设计新的隐形墙

本案例位于群马县高崎市郊外的住宅区，路边宽阔的地基上建着两层的木质住宅。用地有660 m^2，由独栋建筑、大门以及宽敞的庭院组成，是一个可以进行整体设计的项目。

设计是小林建设和建筑师田中博敏共同执行的。田中的样板房是有品位的隐形墙木质住宅，这和小林建设的新型隐形墙住宅的概念不谋而合。全部的创意、制作和构造大体上都由田中完成，而被动式设计、模拟以及整体的区域规划等都交由小林建设。

在室内装饰材料和结构材料的使用上，小林建设在一楼和二楼主要使用杉木和柏木，一楼以柏木为主，二楼以杉木为主，让居住者可以感受到变化。用白色的硅藻泥涂饰墙壁，凸显出明亮的氛围。给天花板上露出的杉木梁铺上和纸，给挑空的天花板上铺着杉木护墙板。

踢脚线和窗框的制作多采用杉木，就像田中设计的作品一样，用很纤细、有品位的材料完成，不用在意杉木独特的木纹。定制家具主要用栎树的实木板，门的材质是樱桃木的，一部分门上铺上和纸，成了亮点。

外部透光墙的墙面上有镀铝锌钢板构成的悬山顶。因为一楼是由木板套窗的防雨窗套等构成的，看起来像铺着木板一样。

庭院一侧设计了很多窗子，让庭院和建筑风格统一。特别是一楼的落地窗，采用了木质玻璃窗。庭院的草木和天空从室内清晰可见，有一种在屋内也能与庭院和植物互动的感觉。

（小林建设）

从家庭房看餐厅和二楼的大厅。天花板的杉木护墙板和地板的柏木材质的木质设计很美。二楼大厅和挑空可以用纸拉门隔开。

好住法则

17

室内装饰

木质结构空间的要领，打造精美的门窗和边框

百叶窗中间格子的间距做得非常小，是为了防止有人从外侧把手伸进来开锁。

起居室的窗户由纸拉门、窗框、纱窗和百叶窗构成。为了让厚重的窗框看起来更轻，将窗框隐藏在墙体内，在露出的截面（窗框的厚度部分）上涂上硅藻泥，使其看起来不那么明显。

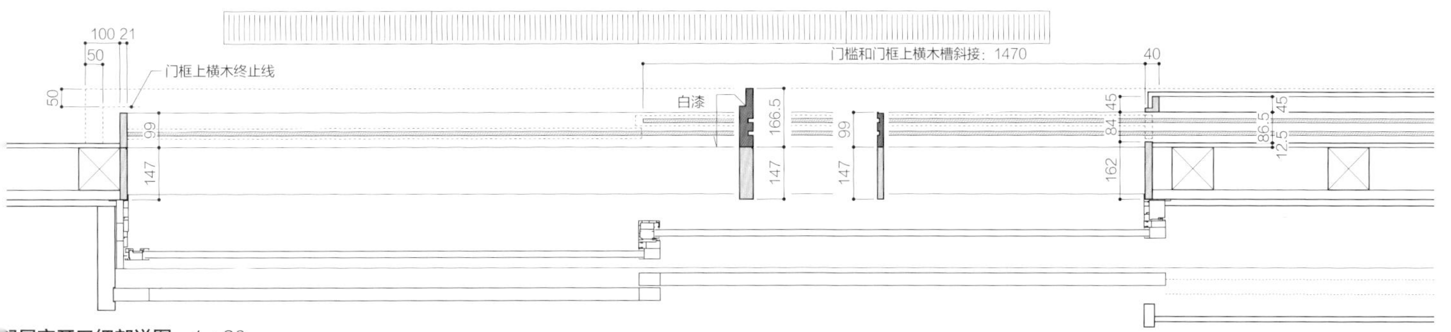

起居室开口细部详图　1：20

H宅的榻榻米空间。腰墙和纸拉门边框使用南洋樱，是一个和式风格不那么明显的设计。

上图：沙发后和室小窗的台面上安装了插座，可以用于给手机充电。

下图：榻榻米的下边设计了收纳的抽屉。

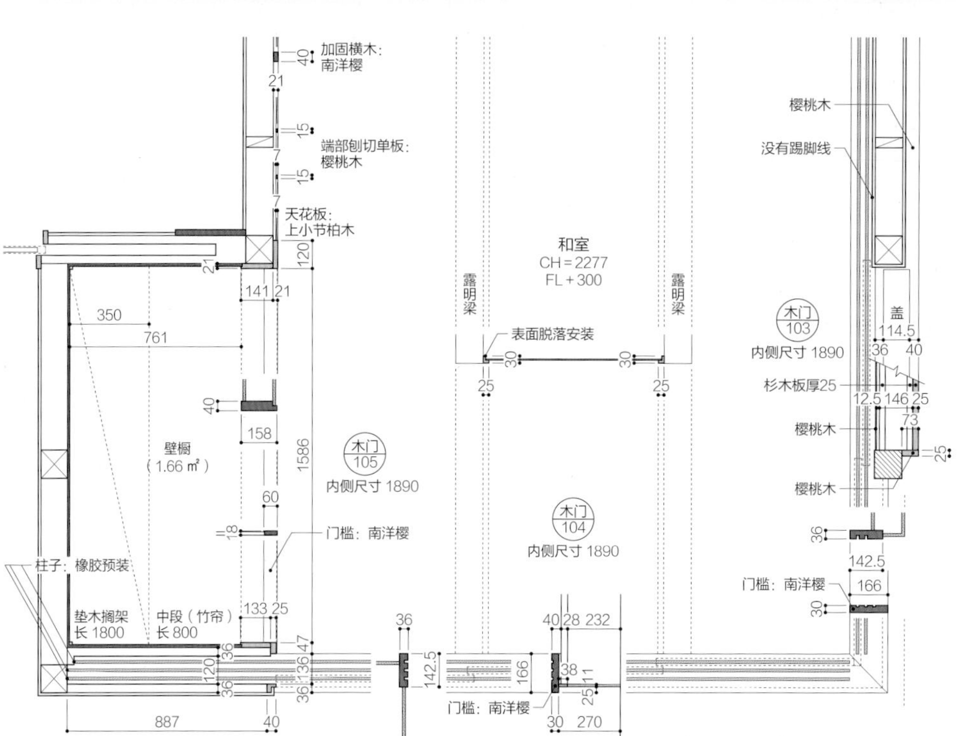

和室框架周围细部详图 1：30

不设计壁龛，在窗边安装装饰架，可以自由摆放和式的摆设。南洋樱的木板稍微带点斜度，给人一种奢华的感觉，与和式的氛围相协调。

这是和室侧面的圆形拉门。利用楼梯下方的空间做成小收纳室。

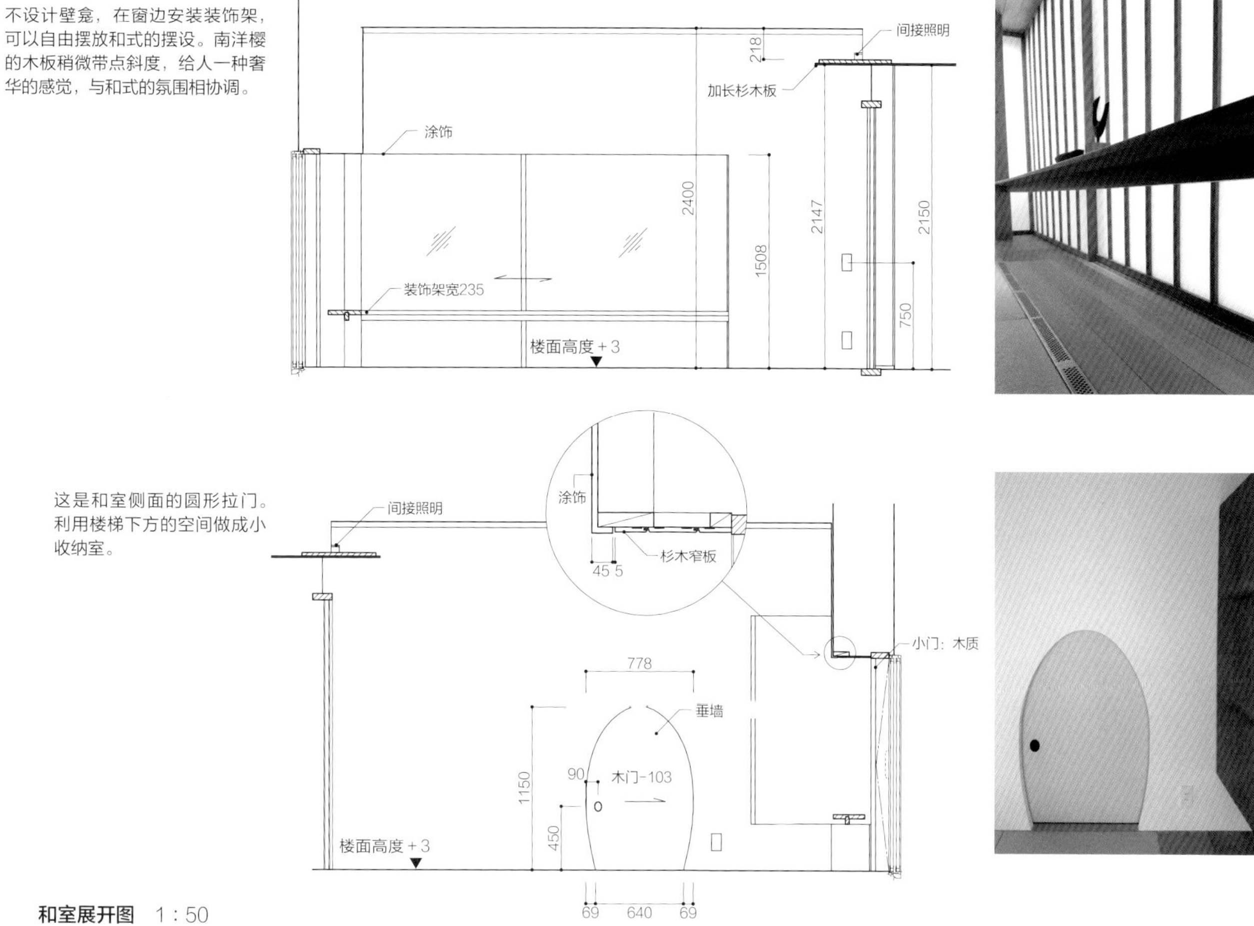

和室展开图 1：50

这是安冈绿色环保城住宿体验设施，样板房（安乐馆）的和室设计。不拘泥于从前的和室样式，提出自由榻榻米空间的设计方案。

结构材料使用的是山口县3个流域的木材（丰田、荻、锦川）和大分县日田市上津江镇的“津江杉”。从木材的运输距离和资源循环利用的角度来看，尽量从距离近的山里配送比较好。特别是津江杉，以前九州的山里使用一种叫作“轮挂干燥”的干燥方法，在1年时间里，以原木的状态让其进行自然干燥。这样，木材的颜色会很均匀。津江杉的树皮是很美的淡粉色，气味也很好闻。跟一般的人工干燥材料相比，木材的收缩和变形也很少，最重要的是调湿效果不同。因为没有强制抽干水分，木材里还保留着吸附湿气的机能。安成工务店建造明柱墙的房子，就是想让津江杉发挥它的魅力。

（安成工务店）

好住法则

18

室内装饰

坚持让木材自然风干

所谓“轮挂干燥”，就是将树龄在60年以上的杉木原木放在通风的地方，堆成“井”字形，用1年时间进行干燥的方法。就这么带着树皮，不跟土壤接触，堆积在地基之上，这样既不会被虫咬也不会腐坏。通过1年时间的晾晒，在含水率降到40%~50%时完成室外干燥，然后在没有阳光直射的地方再干燥3个月以上，在木材含水率降到25%时就可以进行加工了。

好住法则

19

室内装饰

充分利用木材预切工厂

左　轮挂干燥结束后，制成木材的津江杉。在这里继续放置3个月，让其自然干燥到含水率为25%。

中、右　如今有12名工人，1个月的出货量为9根，是安成土木建筑一年的使用量。

安成工务店和其他地区的工务店最大的区别应该就是拥有自己的木材预切工厂。这是从所谓的木工加工厂发展而来的，预切和长榫接的加工都是由机器进行的，着墨和榫头加工等则是职业工人手工进行的半自动预切。另外，现场作业的减少，是为了不让雨弄湿构造件，工厂屋顶采用的是一体化建设，这样就可以在这里进行作业。安成工务店拥有自己专门的预切工厂，工人们对天然干燥木材进行手工加工，因为用的是这种传统的低效率的手法，所以出厂量达到100根以上的规模，在现代可以说是太了不起了。

（安成工务店）

厕所（右一）的拉门使用的是杉木椳条板门，收纳拉门（右二）使用的是椴木平板门，分隔衣帽间、走廊和卧室（左二）用的是杉木框门，分隔和室（左一）和玄关用的是在玻璃里放入白布的框门。

好住法则

20

室内装饰

分开使用设计多样的门窗

内部的门窗大多是制作好的木质门窗，从无障碍、通风和设计灵活性的方面看，以拉门为主。其最大的特点是在这一设计中，根据功能和用途的不同，使用了各式各样的门窗。

这个案例采用了2片玻璃中间夹着布的玻璃框门、日本柳杉组合制成的框门、木椳条板门、安装着实木材质拉手的光板门、安装着粗大挡板的纸拉门等。根据户主的兴趣爱好、生活方式，灵活使用设计多样的木质门窗。

（株式会社番匠）

在走廊的间隔使用纸拉门，让光线柔和地进入卧室。简单分割空间的纸拉门与隐柱空间非常契合。

好住法则

21

室内装饰

简洁的可席地而坐的LDK开放式房间

这是落地窗的门窗构成。左起依次为防雨门、苇帘门、玻璃门和纸拉门。根据季节、天气和时间使用不同的门。

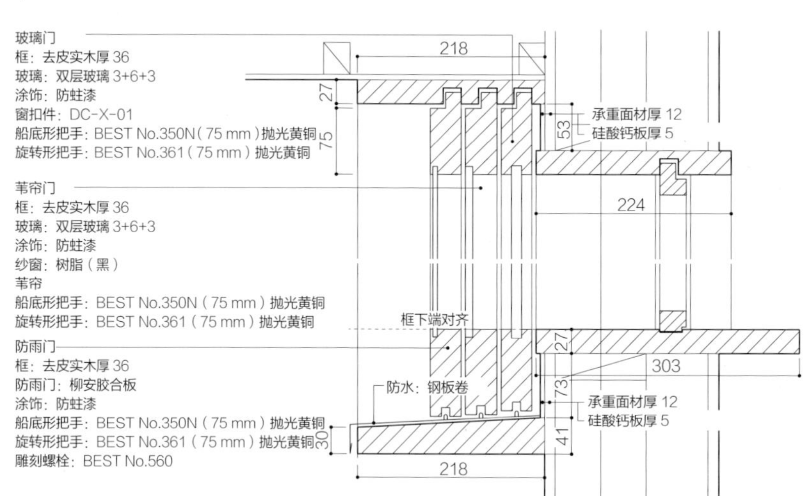

阳台一侧落地窗剖面图 1：8

可席地而坐的起居室。右边是阳台，左边是厨房。落地窗的下框设计成刚好可以坐在上面的样式，厨房的台阶设计简约。

和左页图一样，这是变换视角展示LDK开放式房间窗户的案例。右图落地窗和正面的窗户安装的是苇帘门；左图所有的窗户都是纸拉门。

LDK（日本住宅中起居室、餐厅和厨房一体化的空间）开放式房间是可席地而坐的设计。业主能坐在地板上，围着矮脚桌，这样的空间自然而然成了起居室兼餐厅，比起通常的LDK开放式房间，虽然面积小，但是看起来很宽敞，也非常舒适。很多日本人都不区分进餐和休闲的区域，因此饭田先生也认为增加国LDK开放式房间是理所当然的设计。

不过由于站在厨房里和坐在地上的人视线高度不同，有时会觉得不舒服。可以通过调整厨房地板的高度来平衡视线的高度。另外，为了满足多人落座的需求，将落地窗的高度调整后，做成可以坐在门槛上的设计。如果想再舒服一些，可以在墙角放一些沙发。

（饭田亮建筑设计室+COMODO建筑工作室）

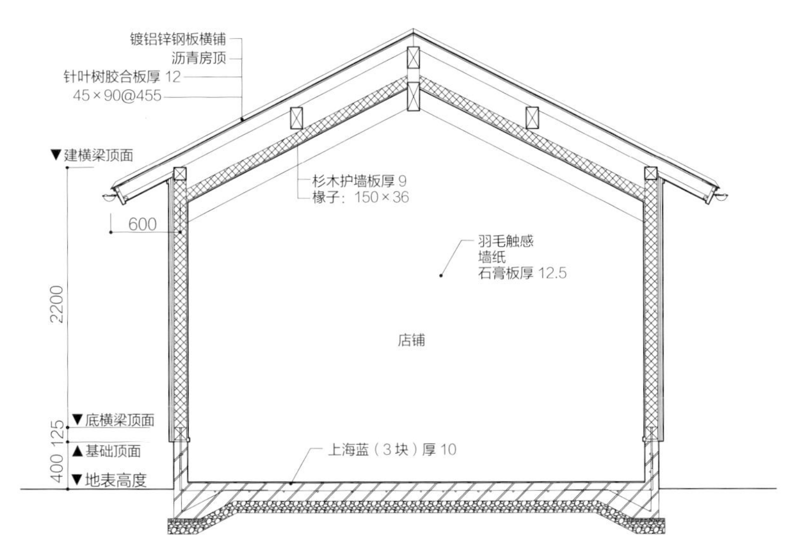

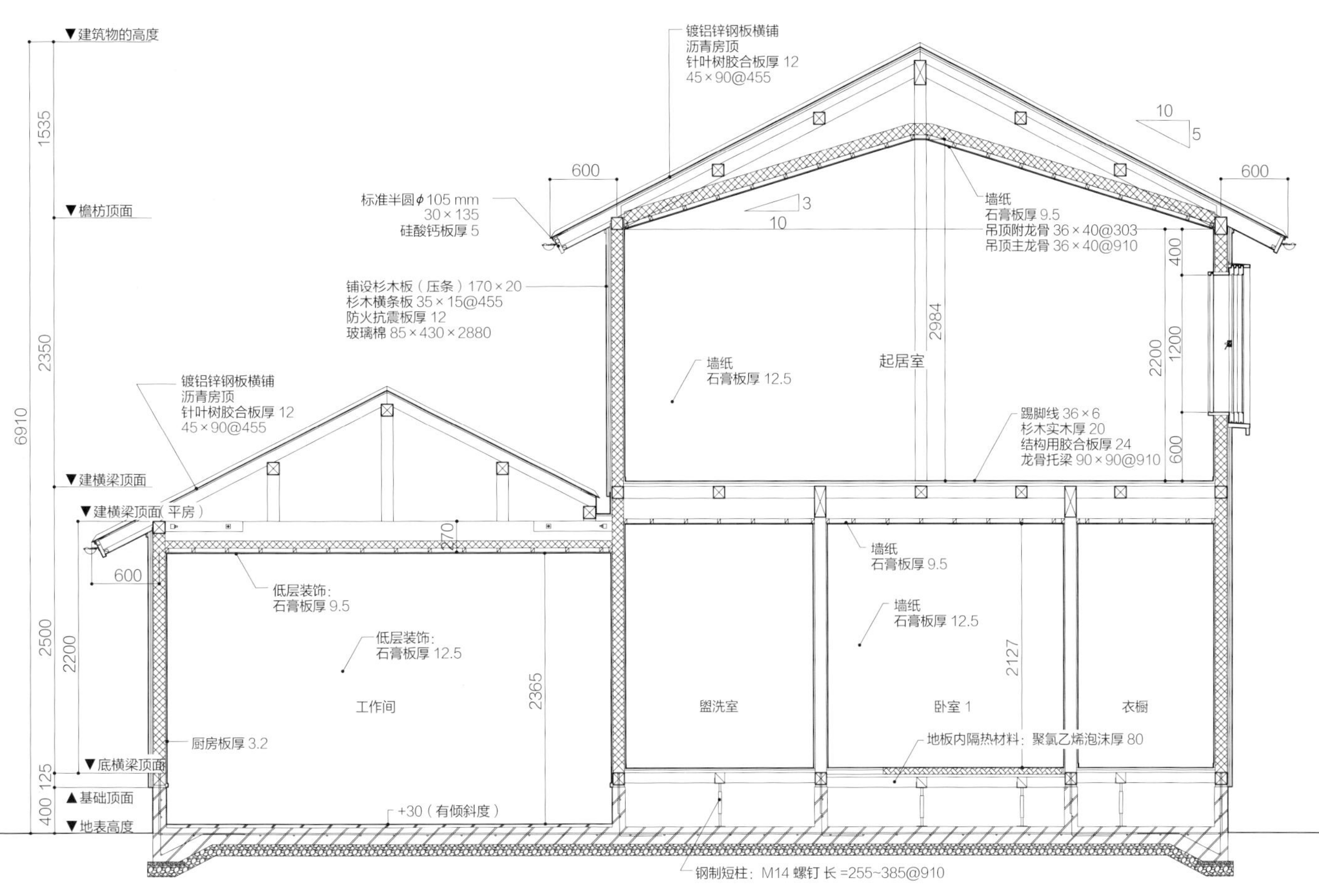

整体剖面细部详图 1:60

用柳安木做出与众不同的室内装饰

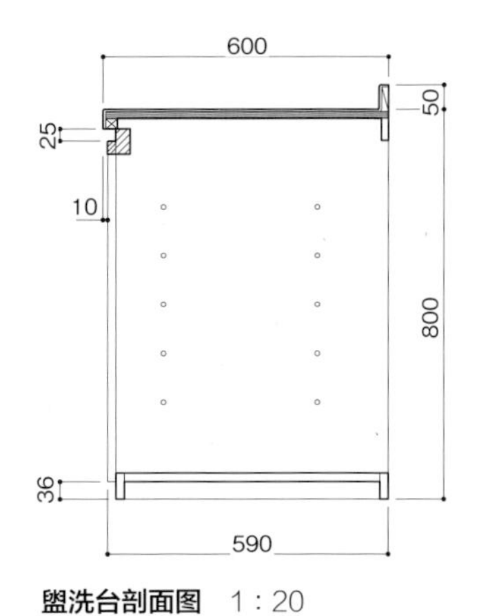

盥洗台剖面图 1：20

左图：主卧室。在木地板的房间内铺设4叠榻榻米。
右图：从洗手间看浴室。在整体浴室里设置有木质装饰框的腰窗。通过一点小小的窍门，就可以很好地提升浴室的格调，右侧墙壁上设置有毛巾挂杆。

饭田先生喜欢使用的材料是柳安木。在纹理细腻、质感优良的柳安木表面涂上饰面漆，让其色调变得浓重，用在门窗和装饰上给人一种稳重的印象。

把手的部分使用四棱木料和板材，用深茶色做出亮眼的光板门，连接门的柱子用柳安木进行包裹，以增加厚重感。柳安木还能在起保护作用的门槛、门框上端横木、窗框、把手和墙壁的拐角处使用。强调了门与白墙、亮色杉木柱、地板、白蜡木桌板等的对比，建造了一个具有饭田先生风格的独特空间。

（饭田亮建筑设计室+ COMODO 建筑工作室）

15　30　30
45
27　75
白蜡树集成原木 ϕ30
柳安木厚 27 mm
30　30
750

毛巾挂杆细部详图　1：4

用深色的柳安木打造收紧空间的视觉感受

光板门的把手和板材使用柳安木

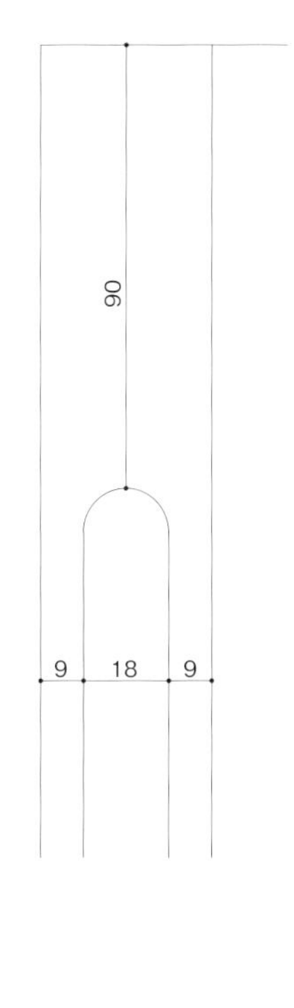

光板门把手的细部详图

好住法则

23

室内装饰

在使用木材的家中做出治愈的空间

本案例建在横滨市郊外安静的住宅街西南拐角处。西边是街道，临河，再往前走是小区。临屋的街道没有太多行人，但由于担心从小区可直接看到屋内，设计了一个小窗或者临街窗户总是关着的可以安静生活的方案。

住户的要求是“可以和家人、爱犬一起快乐地生活，可以外出享受自行车运动”。将客厅设计在采光充足的二楼，这是所谓的翻转方案。二楼以楼梯为中心，东侧从南到北依次为起居室、餐厅和厨房，在起居室的西南角，设计了一个可作为第二起居室使用的阳台。在西侧设计了单人间，现在是夫妻和孩子们一起睡觉的地方。

另外，围着楼梯设置的LDK、阳台、单人间和楼梯大厅全部使用推拉门，打开拉门就组成了环形动线。这样的环形动线为喜欢跑来跑去的爱犬创造了一个很好的玩耍区域。

一楼由玄关大厅、主卧室、浴室、盥洗室和更衣室构成。为了收纳自行车，还预留了内部停车空间。现在，主卧室作为第二起居室，内部停车空间作为储物间使用，随着家人生活方式的变化，使用方式也会改变。

建筑整体都采用沟部先生设计风格的木材，家中各处都能感受到木材营造的放松与舒适的氛围。这就是真正在思考今后的木质住宅该如何去建造的、沟部先生的特色的家。

（宽建筑工作室）

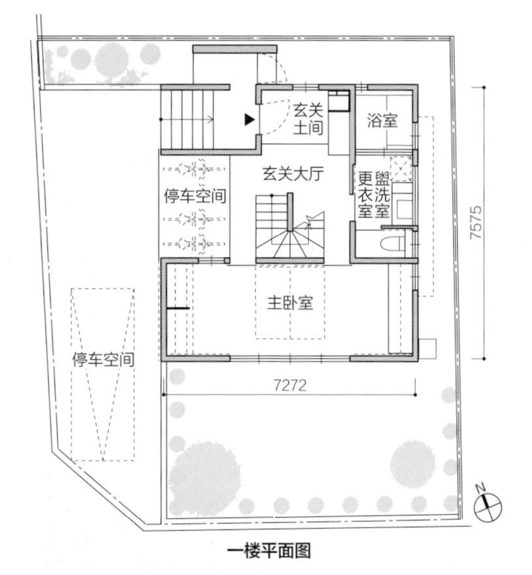

一楼平面图

二楼平面图

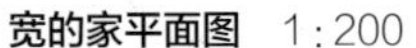

宽的家平面图 1:200

宽的家0103

所在地	横滨市泉区
居住者	夫妇+孩子
构造	木质两层建筑
用地面积	156.49 m²
一楼地板面积	55.89 m²
二楼地板面积	57.29 m²
竣工日期	2017年5月
设计	宽建筑工作室
施工	宽建设
木材	沟部木材

南面外观。南面铺设着未涂漆的三河杉，北面板材不易干燥但易坏，因此铺设镀铝锌钢板。另外，上下窗户的位置要统一，这样才不会有雨水滴落。

好住法则

24

室内装饰

名贵木材成了住宅的亮点

从起居室看餐厅和厨房。柱子露在外面，墙壁、天花板的装饰和家具等都是以白色为中心，保持着协调。

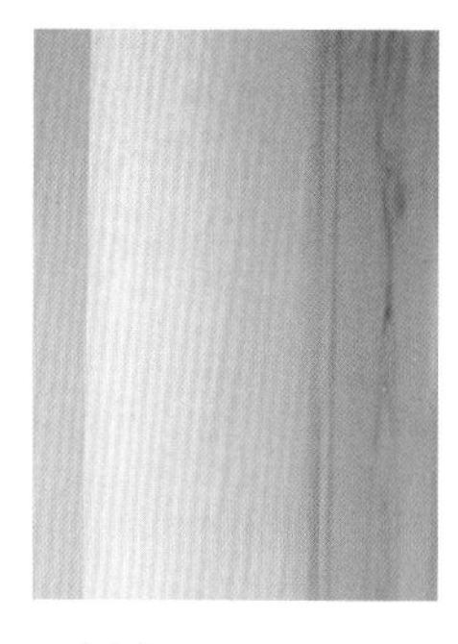

二楼中央使用北山杉的打磨原木。这样有光泽的外观在全都是吉野杉柱子的空间里也成了一大亮点。

名贵木材不但价格高，而且大多和现代住宅的内部装饰不相符，并没有被大多数人采用。但由于沟部先生是木材商人出身，运用了自己公司库存的名贵木材，让内部装饰成了亮点。（特别是在壁龛的柱子上使用了名贵木材，在壁龛越来越少的今天，大多数住宅都在玄关的柱子、楼梯的柱子和起居室的柱子等主要房间的柱子处使用名贵木材）。

本案例使用了北山杉（日本京都府北山地区种植的杉树）的打磨原木作为起居室中央的柱子。和周围的吉野柏不同，北山杉的白色木纹和艳丽的光泽非常亮眼，让人情不自禁地想要去触摸一下。

（宽建筑工作室）

从餐厅看起居室、阳台、楼梯和单人间。以楼梯为中心形成环形动线。房间的地板分别铺设着有波浪花纹和直木纹的白栎木、有节的杉木芯材和饫肥杉（宫崎县南部的日南市中央地区所产的杉木）。

从餐厅看起居室。腰窗四周包裹着有一定宽度的装饰框，强调了窗户的存在感。装饰框使用的是日本铁杉。

从起居室看阳台、楼梯间和单人间。西侧和南侧设置了很多窗户，可以眺望河边的景色和小区的绿植。

左上图：LDK和楼梯间的地板分别铺设着波浪花纹和直木纹的白栎木。

左下图：单人间的地板上铺设着有节的杉木芯材。因为是浮造加工而成，光着脚踩在上面很舒服。

右图：楼梯是在30 mm以上厚度的椴木胶合板上铺设着长短不一的桦木实木地板。

好住法则

25

室内装饰

使用多种木材扩大表现的范围

沟部先生设计的住宅特征之一就是会使用很多不同种类的木材。沟部先生考虑的是用多种颜色、纹理、质感以及触感让住宅的设计更加美观和有趣。

二楼LDK的地板是直木纹的白栎木，楼梯间使用的是波浪花纹的白栎木，单人间使用浮造工艺加工的有节杉木芯材，走廊使用的是饫肥杉，所有的地板都是分别进行铺设的。跟房间的功能相结合，在外观、硬度以及触感等方面使用不同的木材，让整个住宅在视觉上和触觉上也形成了不同的分区。

防水性强的罗汉柏用在浴室的天花板上，有防虫调湿效果的梧桐用在衣橱上，曾经用于造船的吸水性低、比杉木芯材更便宜的饫肥杉用在走廊上等，因地制宜地使用木材也让人眼前一亮。

使用这么多种木材的室内装饰不显得老气，是因为在室内装饰表现的“线”和“面”上做了出色设计。

（宽建筑工作室）

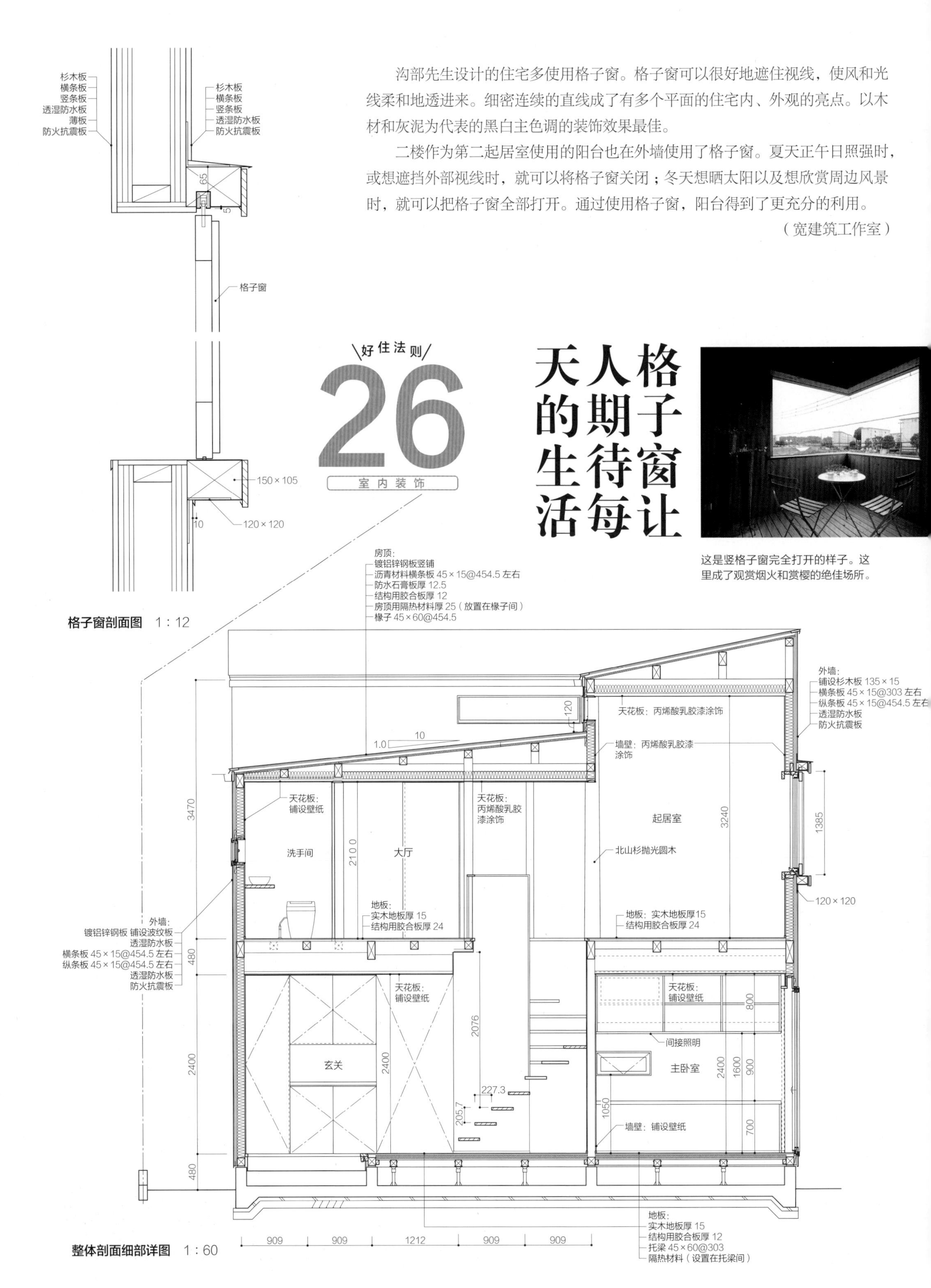

沟部先生设计的住宅多使用格子窗。格子窗可以很好地遮住视线，使风和光线柔和地透进来。细密连续的直线成了有多个平面的住宅内、外观的亮点。以木材和灰泥为代表的黑白主色调的装饰效果最佳。

二楼作为第二起居室使用的阳台也在外墙使用了格子窗。夏天正午日照强时，或想遮挡外部视线时，就可以将格子窗关闭；冬天想晒太阳以及想欣赏周边风景时，就可以把格子窗全部打开。通过使用格子窗，阳台得到了更充分的利用。

（宽建筑工作室）

好住法则 **26** 室内装饰

格子窗让人期待每天的生活

这是竖格子窗完全打开的样子。这里成了观赏烟火和赏樱的绝佳场所。

格子窗剖面图　1：12

整体剖面细部详图　1：60

此为阳台上的竖格子窗完全关闭的样子。因为是半开放阳台，只要将竖格子窗关闭，就能营造出平静的氛围。

好住法则

27

室内装饰

利用木材原有形状制成的台面

茶几等面板的台面通常使用实木材料，但如果不是使用一张长方形板或集成材，而是根据需要使用毛边材，那么就会增强台面的存在感和个性，是一种推荐使用的方法。

这所住宅里所有的台面都使用的是一整块毛边材。玄关的台面使用的是榆木，主卧室的桌子使用的是刺楸，二楼的餐桌面使用的是白蜡木，厕所的盥洗台使用的是楢木，这些全是毛边材。主卧室里桌面的白蜡木两侧也均为带树皮的毛边材。

二楼厕所的洗手台使用的是楢木的一整块毛边材。

二楼的餐桌板使用的是一整块白蜡木。

一楼腰窗的内窗台板使用的是一整块叫作酸实木的毛边材。

直接这样使用，提升了木材的质感和厚重感，营造了很强的和式氛围，因此要通过调整和平衡的方式隐藏支撑材料或者通过镂空将其从下方家具中凸显出来。

（宽建筑工作室）

一楼主卧室里设置了桌子和壁柜。通过右侧推拉门可以去庭院。

桌子的特写。将一整块原木形状的刺楸板材通过L形的五金配件固定在墙上。

每个台面都使用不同树种的一整块板材

使用的一整块榆木毛边材。

从玄关看旋转楼梯和楼梯后的主卧室。自行车的下面是内置停车空间。

玄关土间和大厅。玄关的门使用实木直木纹材料。以楼梯踏步板为中心支撑的墙壁使用的是云杉。

好住法则

28

室内装饰

在防火墙上装饰木材及门窗

在城市的住宅里使用木材是非常麻烦的，因为会有防火管制等规定。就算想在外墙使用木材，也会由于受到防火管制和火灾蔓延线的限制，很多地方都没有办法使用。

在防火区域内建设的住宅，尤其是在容易达到火灾蔓延线的木质玄关门旁，一定要设计防火墙。具体设计是，在达到火灾蔓延线基准点的相邻地界的边界线附近设置防火抗震板等有防火构造的墙壁。在内侧安装实木直木纹玄关门。防火墙自身配置在玄关门廊外侧。在墙壁的内侧设置给宠物洗澡的空间。

（宽建设工作室）

从玄关门廊看楼梯的通道。右边的墙壁为防火墙，这面墙切断了火灾蔓延线，因此玄关就可以使用木质门和普通的玻璃窗户了。

第2章

家具设计的6项法则

本章所说的家具是指和住宅进行一体化设计的定制家具。
因能按照室内装饰的风格，以及户主的生活方式和物品的种类、数量进行设计，可以提升户主的居住体验。

好住法则

29

家具

改变空间的定制厨房和盥洗台

从使用便捷性的角度考虑，成品家具是很好的选择，专门打造与室内装饰氛围相符的家具，可以更大程度地提升设计感，并凸显出与其他工务店和住宅公司的风格差别。

可以当桌子用的厨房

台面前是可作餐桌使用的定制厨房。烹饪器具可以直接摆在餐桌上，餐后也很容易收拾。使用起来非常方便。

（饭田亮建筑设计室+COMODO建筑工作室）

790 60 245 555 60 680 800 60 2880 60

厨房桌子平面图 1：30

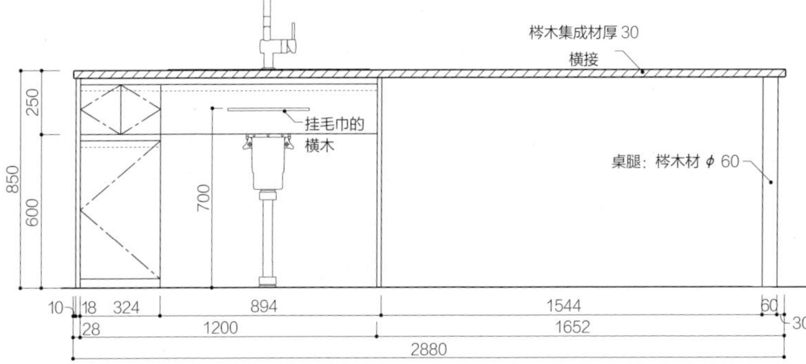

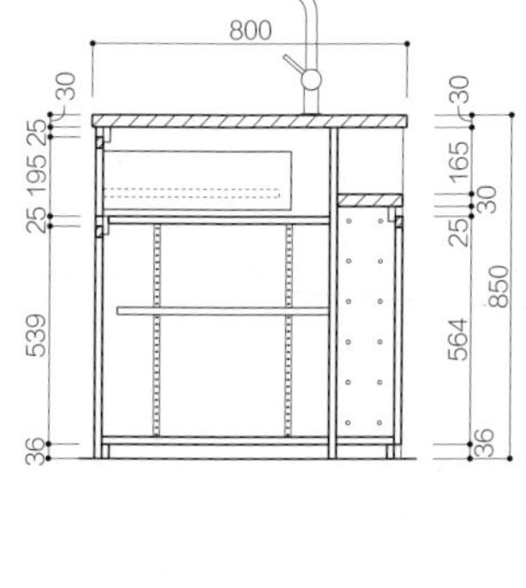

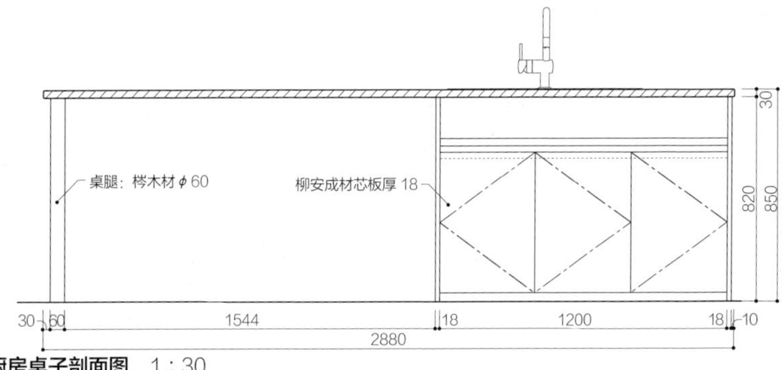

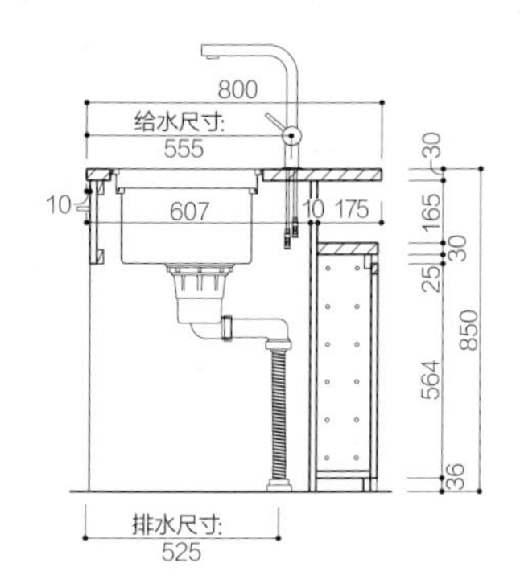

厨房桌子剖面图 1：30

可以当被炉用的厨房

吧台前是可以当作被炉使用的定制厨房。既可以坐在被炉里吃饭，也可以站在厨房里干活，通过调整地板的高度可以让一个家具有两种用法。

（饭田亮建筑设计室+COMODO建筑工作室）

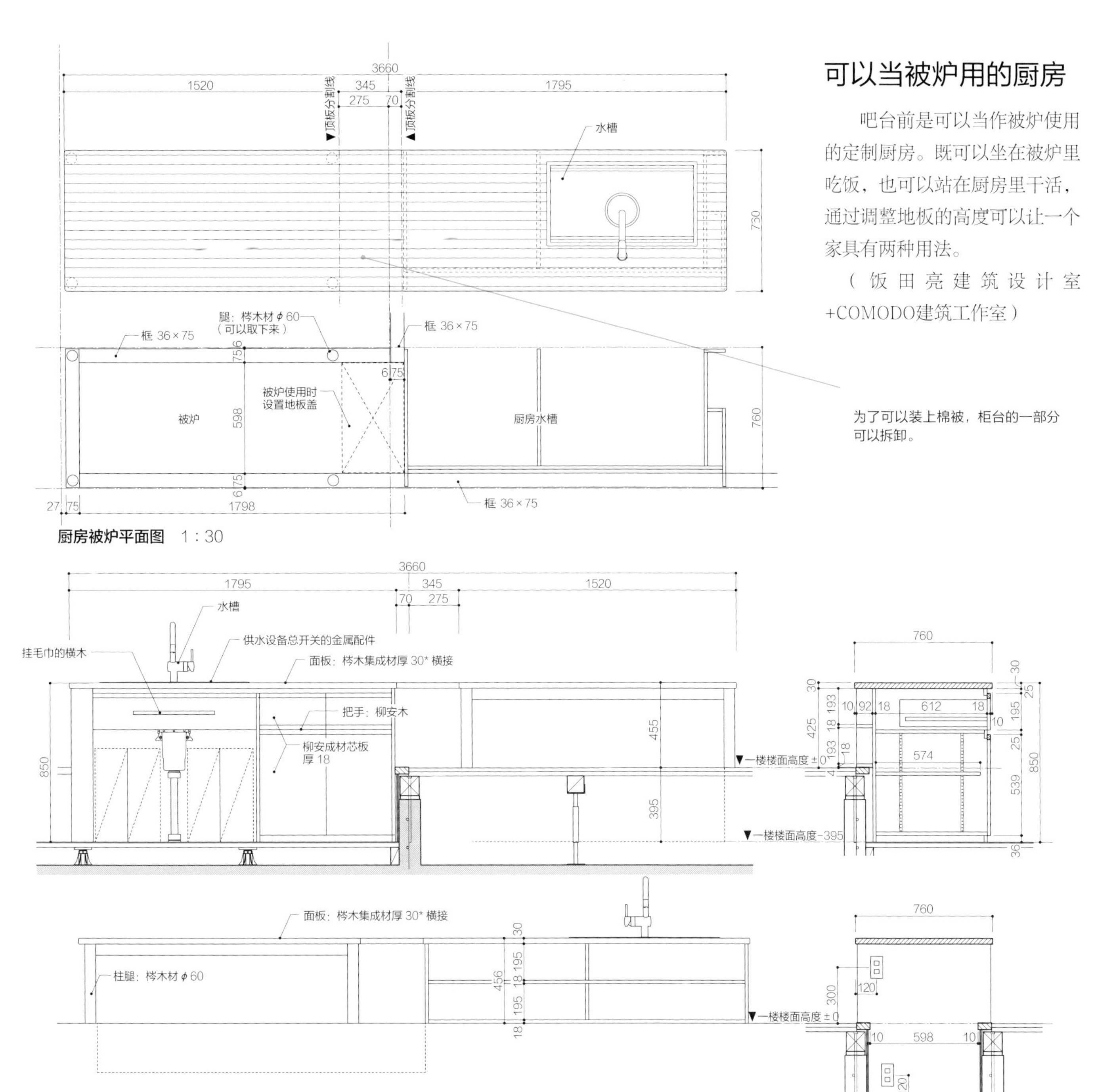

有延伸工作台的厨房

此为有强度的胶合板底板和作为底横梁的钢骨架组合而成的厨房工作台。从长为2400 mm的厨房面板伸出1600 mm作为餐桌。通过构造计算，如果确定有足够的强度，像这样大胆的设计也是有可能实现的。

（佐藤工务店）

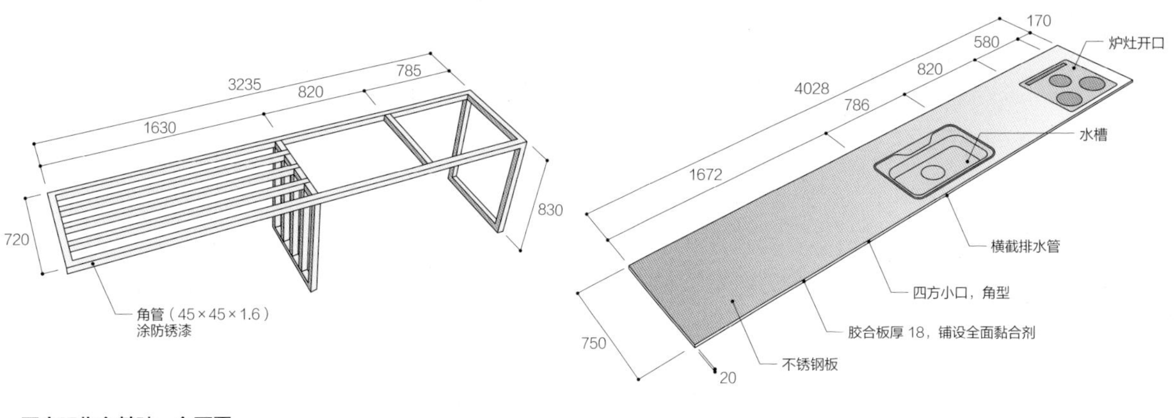

厨房工作台基础、台面图

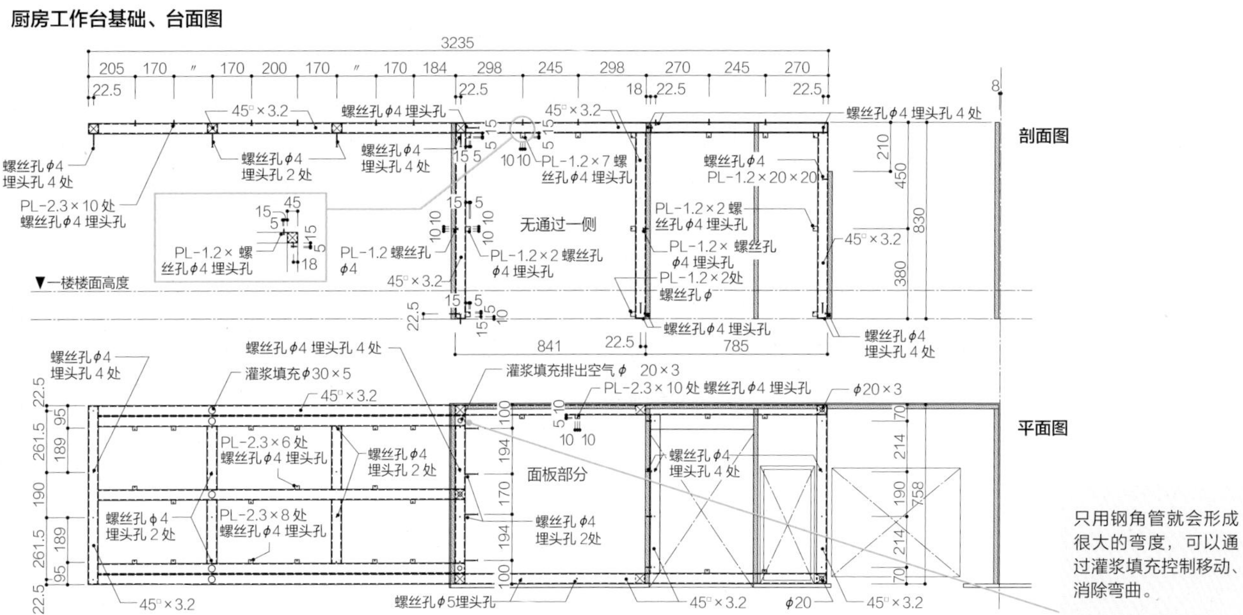

只用钢角管就会形成很大的弯度，可以通过灌浆填充控制移动、消除弯曲。

厨房工作台平面、剖面图 1：30

考究的盥洗台

此为定制盥洗台。在可能范围内进行定制，可以极大改变整个房子的设计感。在这里像定制厨房那样，使用泥瓦台面和实木材料的构件，增强了家具的存在感。

（MOLX建筑社）

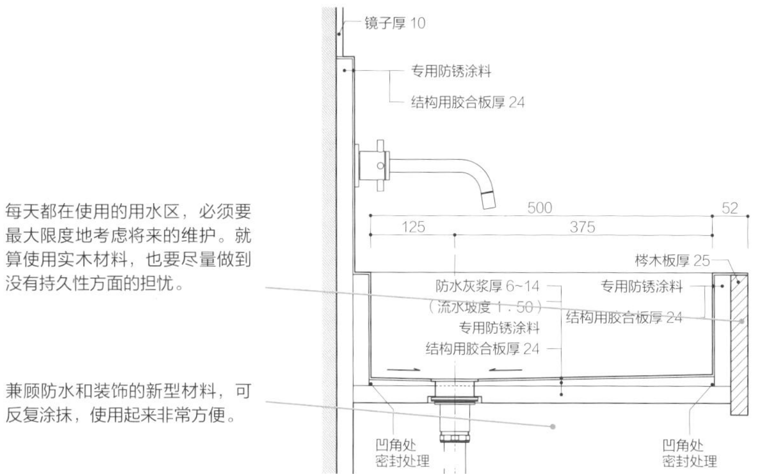

盥洗台水槽细部详图　1：10

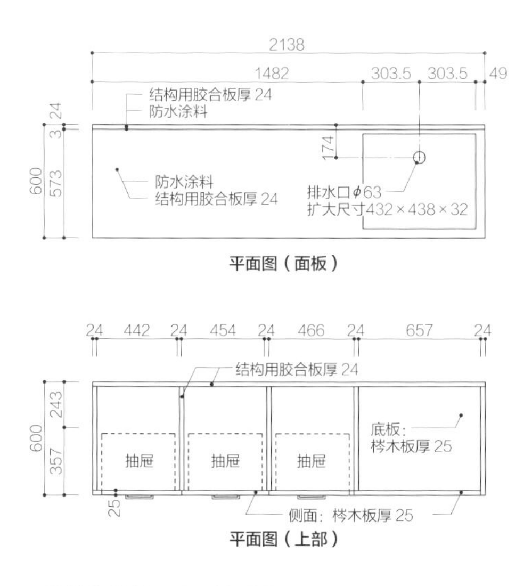

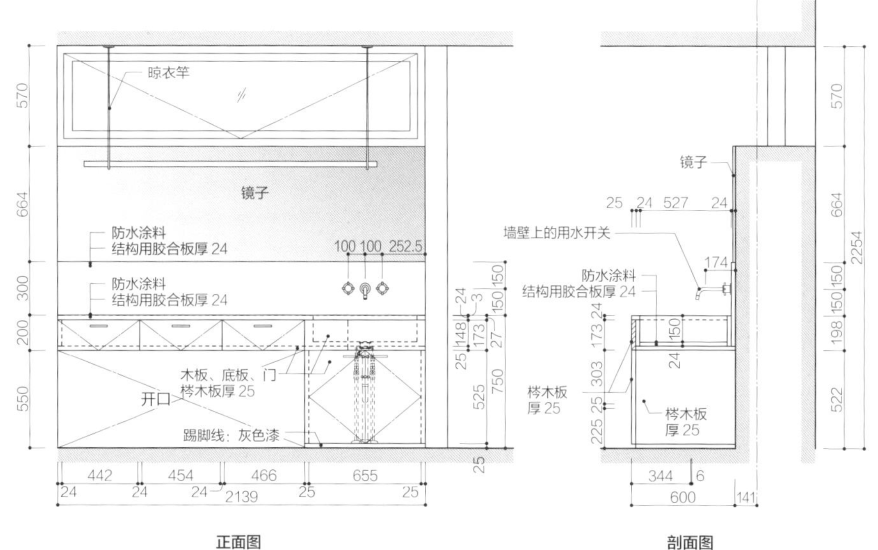

盥洗化妆台平面、剖面图　1：40

内置家具、画廊的室内装饰和独立住宅等都是由家具设计师小泉诚设计完成的。小泉诚设计的家具有很强的设计感，价格也很合适，因此在小林建设的住宅里多有使用。这次的样板房设计，决定全部使用小泉诚设计的家具，不仅包括普通的椅子和桌子，还包括隔板和沙发。

\好住法则/

30

家具

通过和家具设计师的合作，提高家具性能和附加值

上图：从二楼的挑空看一楼的起居室。沙发和台面一体化，家具、桌子和椅子等全都是小泉诚出品。

下图：床、桌子、椅子和迷你桌全部都是小泉诚出品。

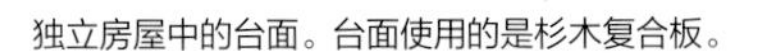

独立房屋中的台面。台面使用的是杉木复合板。

在庭院里建造的独立小屋的室内装饰，从台面看定制沙发。地板、墙壁和天花板全部都铺设着杉木板，由于使用无边框设计，看起来非常素雅。

由小泉设计室内装饰的长廊。全部的家具都使用了杉木和柏木，和墙壁硅藻泥的白色很好地融合在一起，打造出了一个明亮柔和的空间。

推拉门边框上把手的特写。柔和的曲线非常美观。边框左侧的部分是安装在推拉门上的麻纱。

从长廊到室内的推拉门，里面通往玄关。推拉门的四周为装饰框。

将桌子等充满独创性的家具放置在狭窄的地方。玄关一侧是小泉诚亲手设计的长廊，在长廊刷着白漆的墙壁上设计了用原色杉木和柏木的实木材料做成的架子，触感非常好。

另外，庭院里设计有6叠榻榻米的独立空间，可以作为画室、书房和咖啡间等使用。这里也多用实木进行室内装饰，空间简洁而舒适。

（小林建设）

安成工务店转让开发的安冈绿色环保城内住宿体验设施的厨房

好住法则

31

家具

提升木质厨房质感

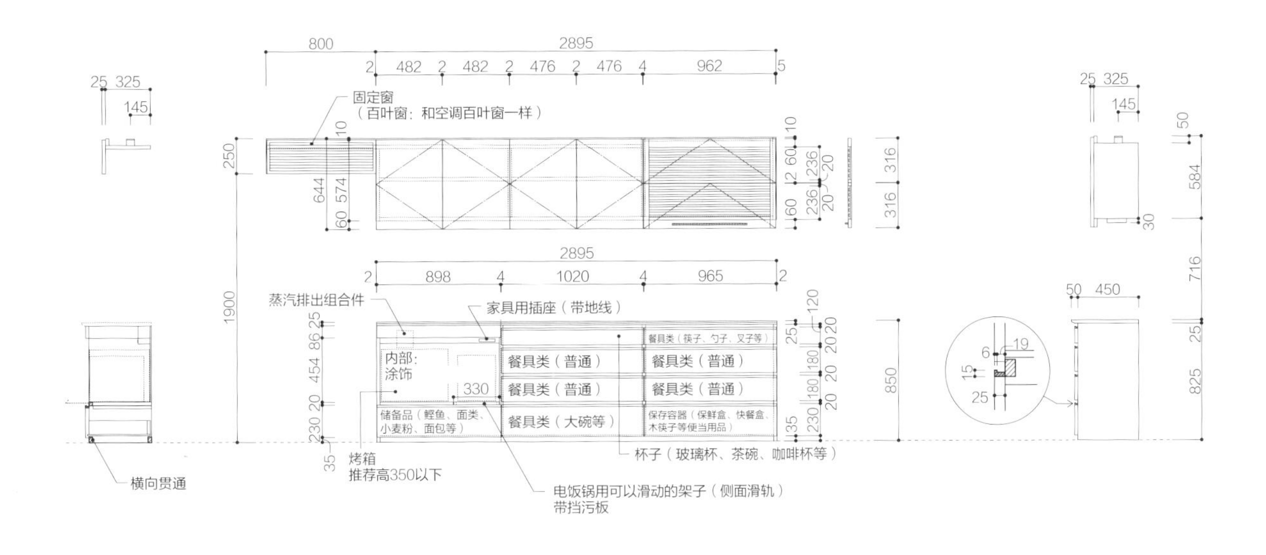

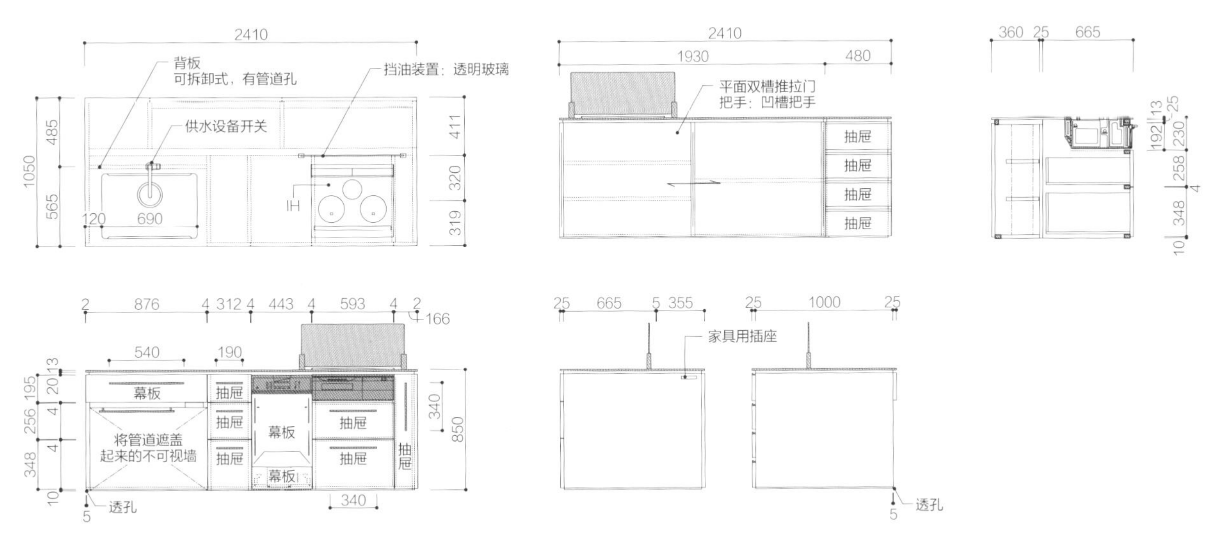

厨房细部详图 1 : 50

为了与室内装饰协调统一，很多整体厨房的面材都被替换为木质材料，如果预算有富余的话，还可以做成木质厨房。构造材料使用杉木或柏木，但室内的家具不局限于此，还会使用阔叶树和海外的树种。

图片中使用黑樱桃树板材制作的厨柜，和随着时间越来越红的落叶松地板格外搭配，很多人都推荐使用。

另外，餐桌和电视柜等则不使用定制家具，而是建议使用本公司选择的国内外木质家具。

（安成工务店）

使用滑动金属配件，做出宽大的收纳门。

与厨房的吊柜相融合，将空调也收纳起来了。

\好住法则/

32

家具

让木质家具与建筑风格协调

冈庭建设住宅的特点是使用木质家具，将家具与室内装饰进行一体化设计。我们常年向手艺好的木工师傅订购，很多时候也拜托他们制作家具。不仅仅是收纳架和壁橱那样的家具，电视柜、沙发、厨房、盥洗台等基本上也可以让木工师傅来完成。

在这一案例中，除了沙发和厨房里的家具等是这样制作的外，盥洗台等成品只是将抽屉外面的板子进行了替换。这种情况，就要根据工期、预算的实际情况进行调整。

（冈庭建设）

木工师傅制作的厨房。围着厨房一圈的壁柜和厨房台面的设计是统一的。

一楼的盥洗台。这就是成品盥洗台只替换了外面板材的案例，看起来就像是定制家具一样。

整体厨房设计

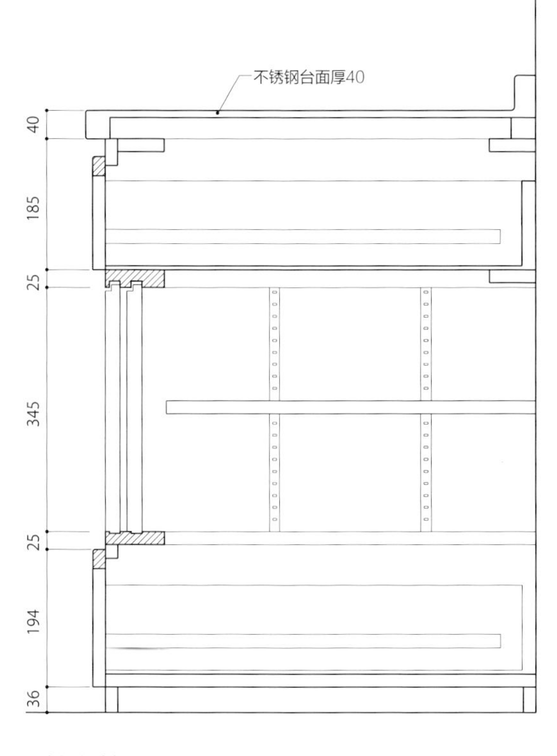

厨房橱柜剖面图 1：10

饭田先生的事务所采用让木工来制作和安装家具的方式最大的优点就是家具的精密度高，与建筑的协调性好。在家具的选择和制作中，难度最高的就是门窗和抽屉等部分，而木工对此非常擅长，能做出精密度很高的家具。且由于木工熟练掌握家具的安装和固定，现场对家具做调整也很方便，就算不通过特别的调整材料也可以使家具和建筑风格统一，这是家具店里的家具怎么也做不到的。

（饭田亮建筑设计室+COMODO建筑工作室）

从起居室看厨房。厨房中（包括厨房收纳）全是木匠制作的家具。

右上图：固定式厨房。台面用柏木实木板制作，侧面是椴木光面胶合板。

左上图：固定式盥洗台。台面是人工大理石，抽屉的板面材料是椴木光面胶合板，把手是白蜡木。

左下图：玄关。鞋柜的台面是用一整块杉木板制作的，拉门是杉木棂条板门。漂亮的门框则使用榉木制作。

\好住法则/

34

家具

无需挡板的定制家具

除了架子和台面以外，定制家具还广泛运用在厨房和盥洗台等地方。与设计师常年合作的木工师傅使用工厂加工的部件，在现场直接进行组合安装。不需要下挡板等调整材料，就能做成与室内风格相一致的、定制的家具。

（株式会社番匠）

第3章

外观设计的11项法则

从户主的满意度来看，比室内装饰更重要的是外观。
因此在设计时需要考虑各种因素，难度很大。
另外，虽然限制条件少自由度高，但设计出美观的外观也很难。
本章介绍的“好住法则”可以说是“美丽外观”的点子合集。

完美展现建筑外观的基本技巧

尽量减少正面外观的窗户

房子的形状大多是四边形或五边形，且都是在平面上进行设计与布置的，那为什么外观会有美和不美之分呢？最大的原因就是窗户的设计。

请看建筑杂志上建筑的外观，对着外墙的窗户很少，而且很多房子几乎没有窗户。当然，也有安装了大窗户的情况，但对设计的要求非常高。如果没有设计方面的自信，就尽量减少面向道路一侧窗户。

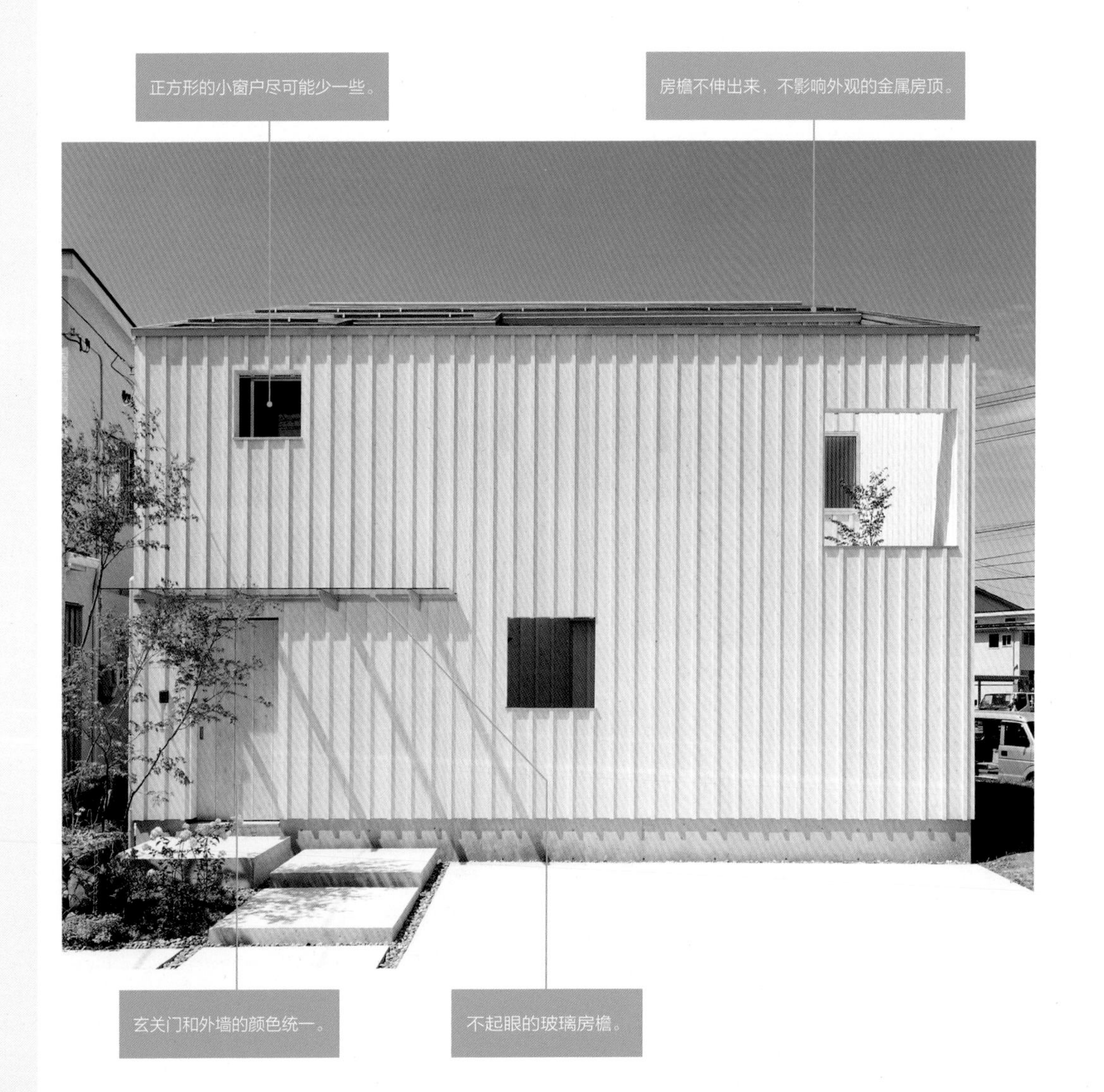

玄关不要设置在正面

和窗户一样，玄关尽量不要设置在正面。作为附着在墙壁上的“异物”，如果设计得不协调，那么怎么看都会感觉不美观。若能从屋外直接看见屋内，就会有隐私和安全方面的问题。应该将玄关设置在侧面的墙壁上，如果设置在正面，那么应该想办法在屋内设计一个玄关门廊或者在侧面的墙壁上设置一个门。若必须设计在正面的话，则要制作一个和外墙颜色相同、材质一样的门，至少也要使用同色系的简单成品门，以减少违和感。

采用双槽推拉窗时需要注意

在各种窗户中，双槽推拉窗的外观极不美观。即使窗户设计得非常好，要想使其看起来美观，对设计师能力的要求也会非常高。所以面向道路一侧的窗户最好避免采用双槽推拉窗。

为了进出庭院和阳台，必须设计双槽推拉窗的时候，可以用阳台的拦墙对其进行遮挡，也可以在前面设计一个百叶墙或围墙，尽可能隐藏推拉窗。

尽量消除房顶和房檐的存在感

建筑的外观越简单越好看。也就是说房顶和房檐也算是附着在墙壁上的“异物”，最好设计得自然一些。

我们一般都看不见房顶，我们看见的基本上都是檐头、山墙瓦和窗檐等。这些最好都做成又薄又显眼的金属房顶和金属房檐，尺寸也控制在适当的范围内。另外，檐头的导水管等要使用和屋顶同一色系、同一材质的金属板，若没必要的话也可以省略。采用内置导水管的话也要尽量做得不显眼。

将建筑物的高度压低

可能是因为有稳定性，横向的长方形建筑物看起来很美。最近，平房人气很高的原因除了没有楼梯、住起来很方便之外，还有一个点就是外观优美。

即使是两层的建筑，设计的时候也要尽量控制建筑物的高度。通过控制建筑物的高度，还能削减柱子和内外隔断等材料的费用。除了不遮挡邻居的采光和外观看起来很美外，还有很多优点。

没有厚度的檐头和不显眼的导水管。

利用植物来充实外观。

双槽推拉窗用木质百叶窗遮挡起来。

尽量消除设备机器的存在感

绝对不能将室外机等设备和换气孔设置在正面的外墙上。仅仅是从正面能看到就已经将外观破坏了。

在基础设计阶段就有必要做整体设计，考虑不要将设备机器等放在正面或显眼位置。用木质百叶窗将设备机器隐藏起来也不错。另外，为了尽可能减少设备机器，也可以考虑高隔热住宅或被动房[充分利用可再生能源，使消耗的一次性能源总和不超过120 kW · h/（㎡ · 年）的房屋]。

通过种植物让外观看起来更美

可能是工业制品的局限性吧，再美的外观都会给人一种美中不足的感觉。

在住宅前种上几棵树，让外观看起来更美。这样的效果是用理论说明不了的，但是树木让外观变美了却是事实。在成功的设计事务所和工务店，必须确保根据需要提出的外部结构的费用，在植物种植方面的费用也不少。

\好住法则/

36

外观

通过木材不同的铺设方法提高外墙的设计感

作为外墙的装饰，很少有人铺设板材。虽然就那样直接铺上去也不错，但如果在铺设方法和材料上再下点功夫的话，就可以大大提高外墙的设计感。

在杉木竖板上压上压条

最普通的外墙铺设方法在吉村山庄很有名。和防水油毡的压中铺法相比，更省事，材料也更便宜，竖着铺设，还可以持久防水。压条部分产生的阴影强调了纵线的部分，使其看起来很显眼。杉木板外墙由于时间流逝而产生的颜色变化极富美感，但需要将柱子部分和防雨部分的颜色、气味会发生变化的问题提前告知户主。

（有机工作室新潟支店）

红雪松板条式铺设

红雪松作为外墙板铺设的经典材料，耐水性和防腐性都很优良。直接铺设也不错，如果使用宽窄各异的板材，掌握好平衡分别铺设，就可以铺出既简单又富有设计感的外观。为了强调木头的质感，表面用粗糙的锯子做了加工。

（佐藤工务店）

库页冷杉横板铺设

用简单的横板铺设，拐角处直角相交的地方就铺设成这样参差不齐，可以看见横切面的样子。库页冷杉是以北海道为中心进行流通的，比起其他外装的木材，不耐防腐涂料的浸渗。通过选择适当的涂料和防腐剂，可以使它拥有相当好的耐久性，价格也非常低廉。

（三五工务店）

杉木板压条＋白漆

就算是经典的木材铺设方法，只要刷上漆，风格也可以大不相同。这里用涂料给杉木涂上白色。图片显示的是均匀的白色，但实际上有淡淡的木头纹理，在保留了木材质感的同时，也做出了鲜明的外观。在工厂进行2次涂漆，在现场进行1次涂漆。

（佐藤工务店）

杉木板条式铺设＋白漆

和上一案例相同，在杉木板上涂刷白色涂料。该建筑的外观比通常竖着铺设的压条更平坦，不过表面的木纹隐约可见，因此并不是没有起伏变化的外观。使用便宜的杉木横木材料，铺设的时候保持5 mm的间距。边框周围也采用不密封的开缝接头工法。

（佐藤工务店）

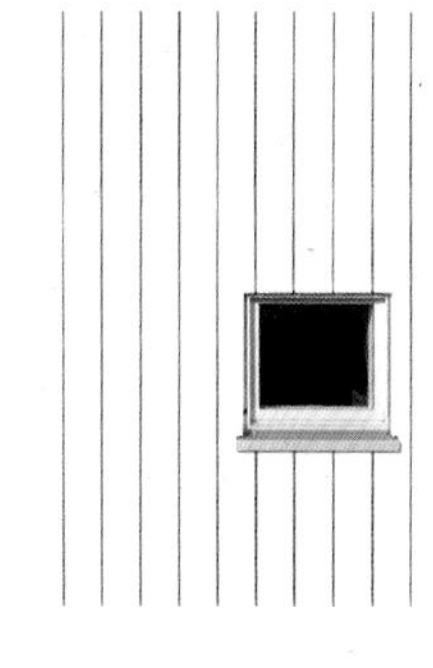

好住法则

37

外观

将屋顶设计灵活运用到外墙上

直接将屋顶材料和屋顶的铺设方法运用到外墙上，也能够让外观的设计性发生变化。不仅可以消除细板聚积在一起给人的死板印象，还能提高防建筑的水性能。

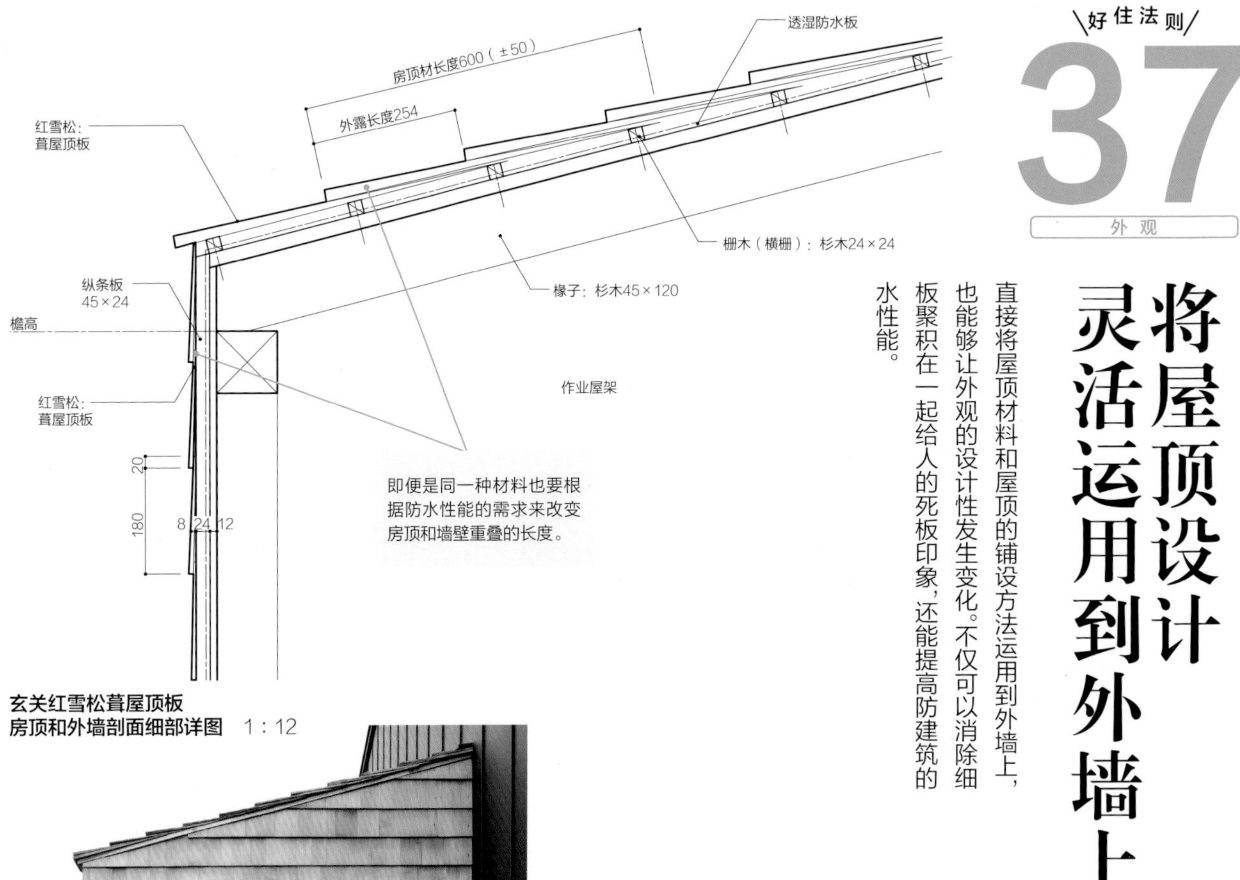

玄关红雪松葺屋顶板
房顶和外墙剖面细部详图 1：12

红雪松屋顶板铺设

这是将用木材铺设房顶的方法直接用在外墙上的案例。和房顶使用同样的材料（防水性强的红雪松）、同样的方法进行铺设，成功地将房顶和墙壁融为一体。玄关门也是在成品的隔热门表面使用了同样的铺设方法。

（MOLX建筑社）

镀铝锌钢板的平铺

镀铝锌钢板用在外墙时，大多数情况都是直接使用小波纹或大波纹这样有凹凸的设计。但是也有人有这样的印象：“怎么看都像是用普通的铁板铺设的。”因此设计师想到了平铺法，把外墙与屋顶作为一体进行铺设，使之看起来就像一个整体一样。

（三五工务店）

\好住法则/

38

外观

多种用途的钉壁板

钉壁板是外墙铺设的经典方式，因此仅看外观，就给人以很强的视觉冲击力。利用这一特征，试着将其放在各式材料和场所里使用，可以给人一种全新的感觉。

镀铝锌钢板钉壁板铺设

钢板外装直接使用大波浪板和小波浪板铺设也不错，不过如果稍稍变换一下铺设方法，就可以让建筑物的外观大大改变。这里将白色镀铝锌钢板通过压中铺法铺设，远远看去就像涂饰油漆的木质外墙壁一样，压中铺设法也是木板屋顶常用的铺设方法。压中铺法是很好的防渗漏铺设法，因此防水性很强。

（三五工务店）

内墙的杉木钉壁板铺设

将外部墙壁的铺设方法直接活用到室内装饰上也很有意思。室内装饰墙壁的一部分使用了杉木钉壁板，让人有一种在房间里又建起了一个迷你住宅的感觉。当然，室内装饰的整面墙都用钉壁板铺设，让人感觉像在室外一样，并突出了钉壁板的作用。这一案例调湿板的墙壁上刷了白色的漆。

（佐藤工务店）

\好住法则/

39

外观

用炭化的杉木板材使外观变得紧凑

将关西等地常见的木材表面烧成炭色并将其作为外墙的装饰材料。这是涂漆无法表现出来的独特黑色，让建筑物正面外观变得紧凑。

铺设烧制后的日本柳杉竖板

这是用烧制过的日本柳杉作为外墙壁竖板铺设的案例。外墙表面用了涂料无法表现的深黑色，感觉像要膨胀裂开了一样，独特的光泽更能衬托出建筑的设计感。因为材料有着独特质感，很适合竖板铺设这样简单的铺设方法。制作成18 mm宽的杉木板，扭曲或裂开的情况也很少，还可以炭化为更深的颜色，在防火性、持久性、抗老化性和防腐性等方面也都很优秀。

（扇建筑工作室）

烧制杉木的工序

将3块日本柳杉木板组成筒状后，在里面点火烤制表面。筒形的烟囱效应产生炽热的火焰，形成了又厚又硬的炭化层。比起一般的机械烧制，使用传统工艺的手工烧制，表面的炭化层更不易脱落。

（制作：fan material）

烧制杉木竖板的铺设

这个案例是将杉木表面烧出很薄的炭化层，然后用竖板铺设的方式铺设在外墙壁上。比起涂料让人感觉宁静的黑色、无光泽的外观更容易和住宅的设计融合在一起，可以用于各种样式的外墙壁。优点是不需要像涂漆那样重新涂刷。

（佐藤工务店）

好住法则

40

外观

让木板铺设的玄关门与外墙风格相协调

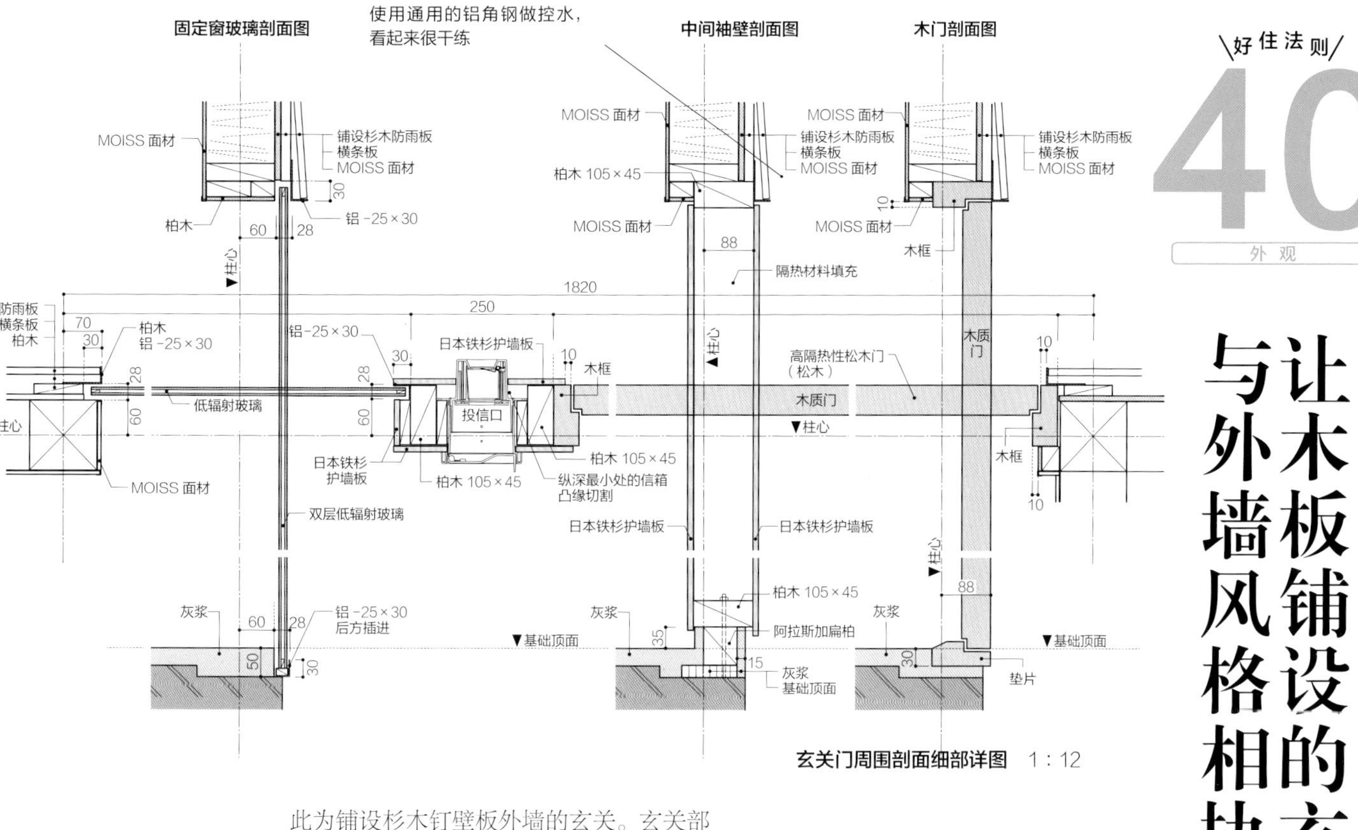

玄关门周围剖面细部详图　1：12

此为铺设杉木钉壁板外墙的玄关。玄关部分使用松树竖板铺设隔热门，右侧墙壁铺设和玄关门风格相符的日本铁杉竖板，用不同的树种让装饰风格协调统一。

（佐藤工务店）

不管什么样的外墙，从玄关正面看的时候，都不应该有那种明显让人感觉碍眼的配置和设计，这样的话才能和外观设计巧妙地统一起来。

铺设杉木钉壁板的玄关

玻璃硅墙内幕

玻璃硅墙外观

好住法则

41

外观

用木结构也可以做出玻璃砖墙壁

将从很久以前就开始使用的玻璃砖用在玄关周围，既隔热，又透光，还能让空间变得很明亮。局部使用也不错，不过整个墙壁都使用的话会让鲜明的印象更加强烈。

此为木质建筑的两面两层玻璃砖墙的设计案例。在木质建筑中虽然大多是小范围地使用玻璃砖，但如果对融合性以及构造进行充分研究后，也可以做成大面积的玻璃砖墙。巨大的玻璃砖墙构成了建筑正面的一大亮点。

（佐藤工务店）

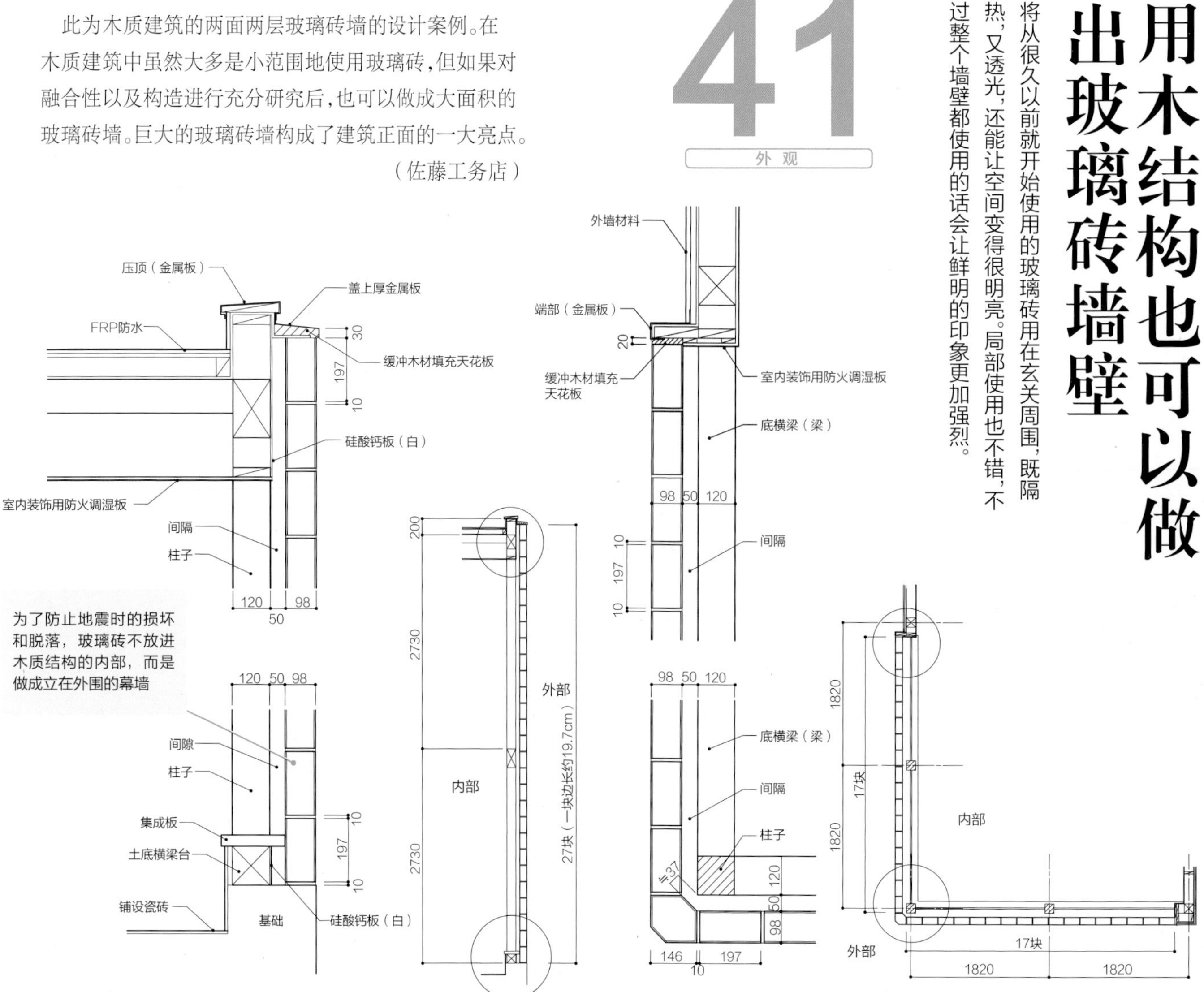

玻璃砖墙剖面细部详图　1：20（左），1：80（右）

玻璃砖墙平面细部详图　1：20（左），1：80（右）

这个住宅让人印象深刻的是不规则切割的金属板外墙。在佐藤先生和户主商议的过程中，双方都想到了“在森林里放置铁块”这样一个概念，通过将金属板不规则地切割和铺设，让它更像是自然存在的东西。

使用的是没有光泽的黑色镀铝锌钢板。经过多次讨论决定，由工匠在现场进行切割、加工、调整，最终完成安装。房顶也用相同的材料铺设，真正形成了一个黑色铁块一样的外观。不过金属板不规则的线条和周围的树木非常协调，很好地和周围的景观融为了一体。金属板的耐久性很好，在严峻的自然环境下也毫无压力。

（MOLX建筑社）

好住法则

42

外观

与自然相协调的金属板外墙

北侧外墙。用不规则的金属板装饰外墙，形成自然的线条，像面前的树一样。

西面外墙。墙壁的出入口通往车库。

左上图：从东北侧的道路看到的建筑外观。修建在自然风光优美的别墅区。

左下图：北侧外观。可以看出建筑是一个横向狭长的形状。

右图：南侧外观。南侧有一个很大的出入口。夏季为了遮光，在外墙面凹进去1820 mm的位置设置了一个出入口。

南侧外观。出檐向外伸出1800 mm左右，富有设计感的房顶让整体的比例更加协调。房顶铺设三州瓦。

从房檐下面看庭院。庭院由铃木胜三设计。用天然石以及小叶白蜡木、山茱萸等纤细的树木装饰出了美丽的庭院。

右图：大门前的通道。石头围墙是用三河地区的播豆石堆积起来的。左边的混凝土围墙是为了遮挡视线而设置的。

左图：从路边看见的侧墙外观，房顶坡度为24.2°。围墙是涂了木材保护涂料的日本柳杉。

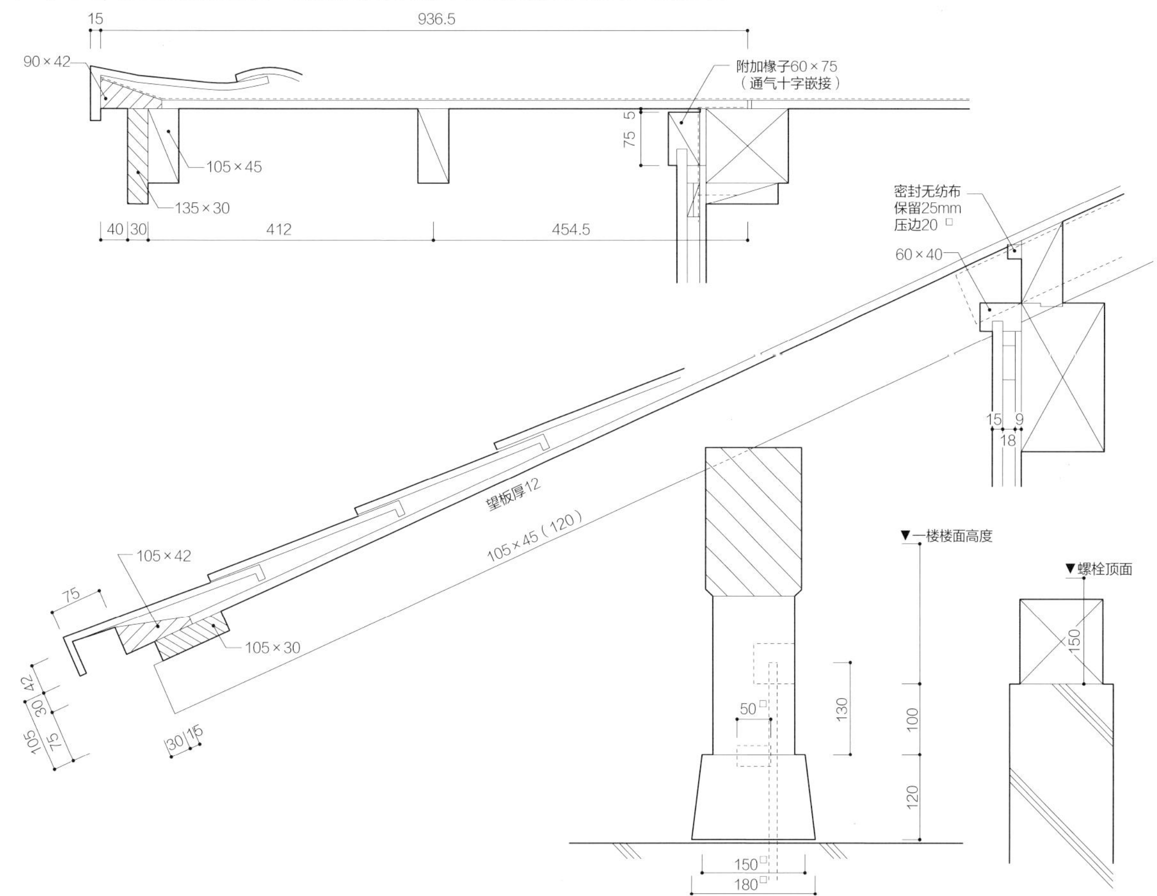

屋檐和出际剖面图　1：60

好住法则 43 外观

用出檐的深度做出美丽的外观

在外墙设计上，设计师大多将泥瓦、钢板、木板铺设的外墙和用瓦片以及钢板铺设的房顶组合起来。本例是其中最常使用的铺瓦屋顶配上用印染方式涂上有色灰浆的外墙。这种外墙比喷漆的灰泥制成的墙壁更低，而且很有质感，设计师经常会使用。

另外，滨松夏季日照强，台风天多，为了不让阳光直射进室内，雨水直接落在外墙和窗子上，房檐都做得非常深。这就构成了一个房顶面的平衡性很好的比例。

（株式会社番匠）

好住法则

44

外观

营造出变成街道风景的日常氛围

新潟县长冈市位于盆地内。夏天很热，湿气重，冬天的日照少。积雪多的时候都能达到1.5 m，环境恶劣。K宅离信浓川很近，建在了可以看见街道地标水道塔的地方。用地是宽约10 m、长约22 m的细长形状，由于地处住宅区，三面都有邻居。在这里，如何应对积雪是要优先考虑的问题，为了不让雪落在周围的用地上，需要将建筑物从用地边界线向内缩进。

夫妇二人最初想要一个平房，面向街道的面做出朴素的样子，因此比三浦先生原先的设计容积率低，房檐被设计得很低。面向道路的一侧确保了有可以停2辆车的车库。使用了在常年下雪的地方随处可见的锯齿形防雪木板，从车库到玄关，乃至院内的走廊，做了一个连续铺设的设计。在车库里设置了外部收纳柜，可以收纳铲雪用的工具和无钉防滑轮胎等。为了不淋雪，设计了可以从车库直接走到玄关的通道，也确保了可以直接到达厨房后门的动线。

（池田组+设计岛建筑事务所）

西北侧外观。前面道路一侧设置了2480 mm宽的低房檐，降低了面对街道的压迫感。为了防止车库一侧的房顶落雪，设置了挡雪板。为应对积雪和信浓川的涨水，地板的高度增加到600 mm，房檐的高度不用再增加，以保持平衡。

玄关的房顶一直延伸到用地内部的和室旁边的走廊。由于纵深达2730 mm，走廊也很宽，下雨的时候也可以使用。

从车库到玄关的房檐下自然而然成了通道，房顶是用锯齿形木板连起来的设计。

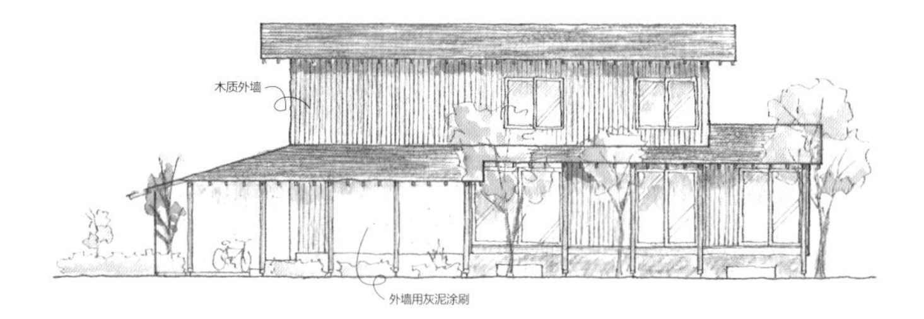

应对积雪多的严冬

在常年下雪的地方需要一个储存无钉防滑轮胎和铲雪用具的外部收纳柜。从车库到玄关，除了房檐一侧的通道，外部收纳柜的背面也有不被雪淋湿的进出路线。

水道町的家

所在地	新潟县长冈市
家人构成	夫妇
构造	两层木质建筑
用地面积	241.62 m^2
建筑面积	133.65 m^2
总建筑面积	107.15 m^2
一楼面积	71.83 m^2
二楼面积	35.32 m^2
竣工时间	2018年9月
抗震性能	积雪2 m的情况下抗震等级2级
隔热、密封性能	U_A值（外墙平均传热系数）为0.258 W/（m^2·K） Q值（热损失系数）为1.05 W/（m^2·K） C值（气密值：每平方米内缝隙的面积）为0.2 cm^2/ m^2

三河杉的外墙细节。经过1年的时间，日照的地方和雨淋的地方外墙表面颜色已经出现了变化。日照充足的面变成了银灰色，没有日照的地方残留着明显的黄色。

\好住法则/

45

外观

考虑木头的变化后，再铺设外墙木材

沟部先生设计的住宅，外部墙壁多使用木材。这座住宅也在外墙竖着铺设了三河杉。

铺设在外墙的三河杉是没有进行涂漆的，因为考虑到随时间流逝，它会自然而然变成银灰色，非常美。立方体容易发生均匀变化，银灰色的杉木板仿佛是杉木板一样的混凝土，展现出建筑富有现代感的情调。

考虑到很难得到光照的北面和东面墙壁木材的老化，用镀铝锌钢板铺设。此外，在会滴水的窗户边，要将上下窗户的位置对齐，为了使其不太显眼，需要用细木纹的工艺。

（宽建筑工作室）

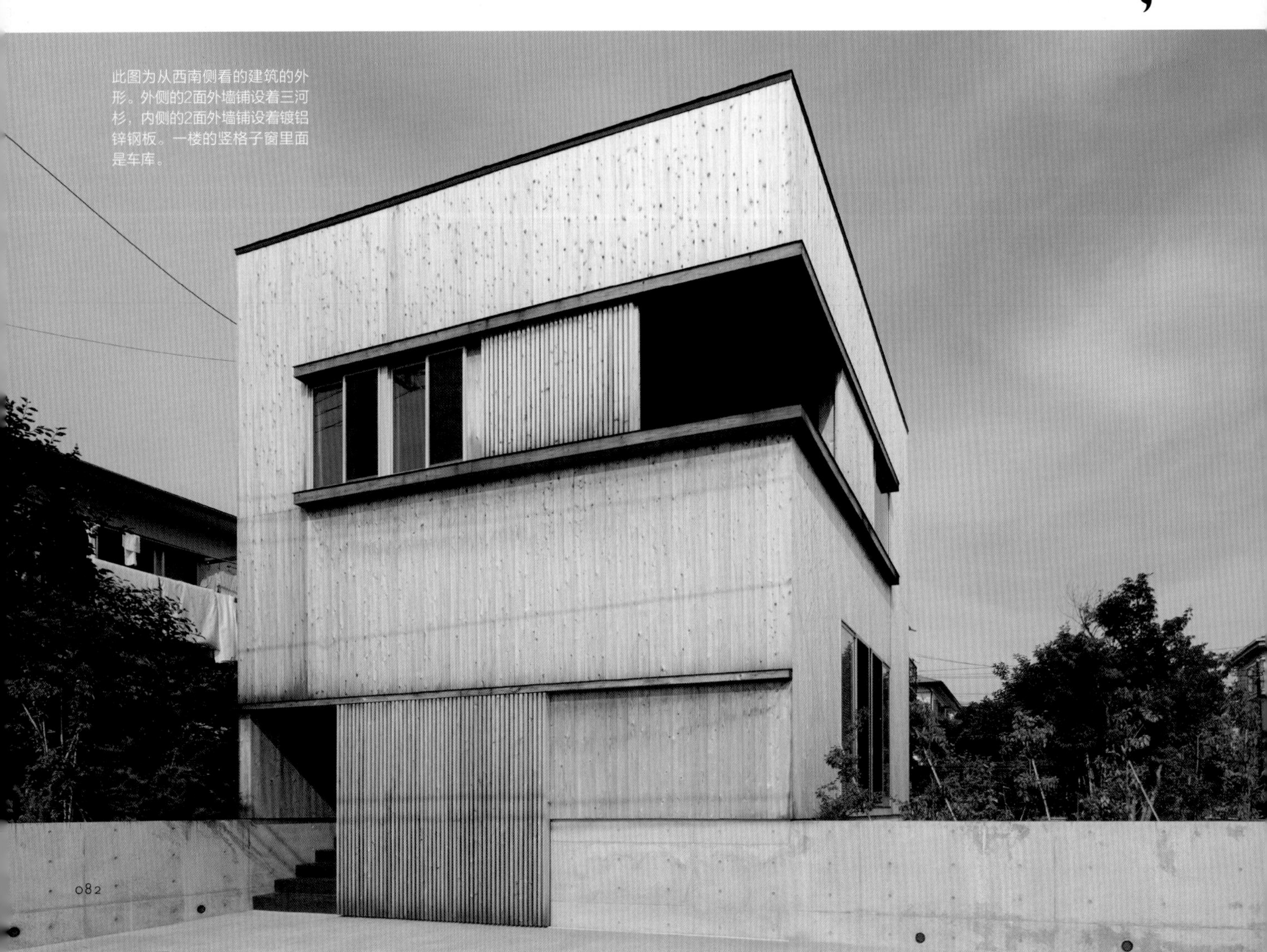

此图为从西南侧看的建筑的外形。外侧的2面外墙铺设着三河杉，内侧的2面外墙铺设着镀铝锌钢板。一楼的竖格子窗里面是车库。

第4章

布局设计的13项法则

对居住心情影响最大的是房间布局。
本章除了讲述家务动线和生活动线的设计法之外，
还介绍了有效的房间分割和跃层式住宅的活用法等，
这些都是可用于实践的房间布局的“好住法则”。

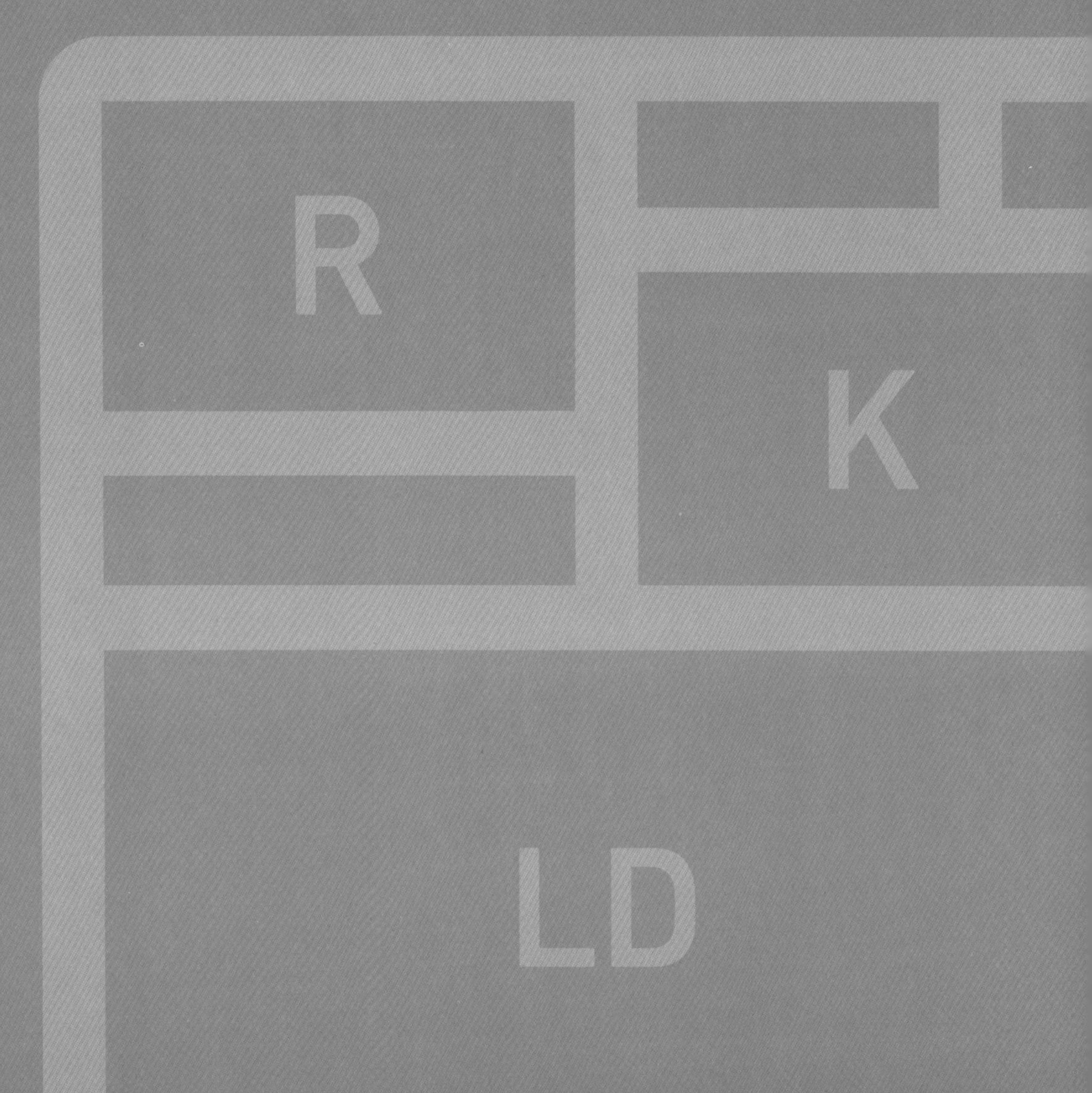

\好住法则/

46

布局

完美展现房间布局的基本技巧

根据户主的生活方式设置房间

多人居住的情况下，可以根据不同的使用时间分别设置多人使用的房间和可以单独使用的房间。例如，在起居室和餐厅设计可以让大家聚集在一起的餐桌和沙发，另外也可以设计一些单人间以外的空间，比如书房、家务室、学习角、小客厅和露台等。这样，家里的每个角落都能让人感到非常舒适。

通过邻居家用地和日照来决定建筑物的配置和房间的位置

在布局上首先要做的就是根据用地环境来设置建筑物和房间。先将建筑物设置在阳光不容易照到的位置，然后将LDK等设置在阳光最充足的位置。在房间和窗户的布置上，应该考虑将窗户设置在即使打开也不用担心邻居或行人会看到屋内的位置。特别是在城市里，应该优先考虑后者，并通过调整窗户位置来获得阳光。

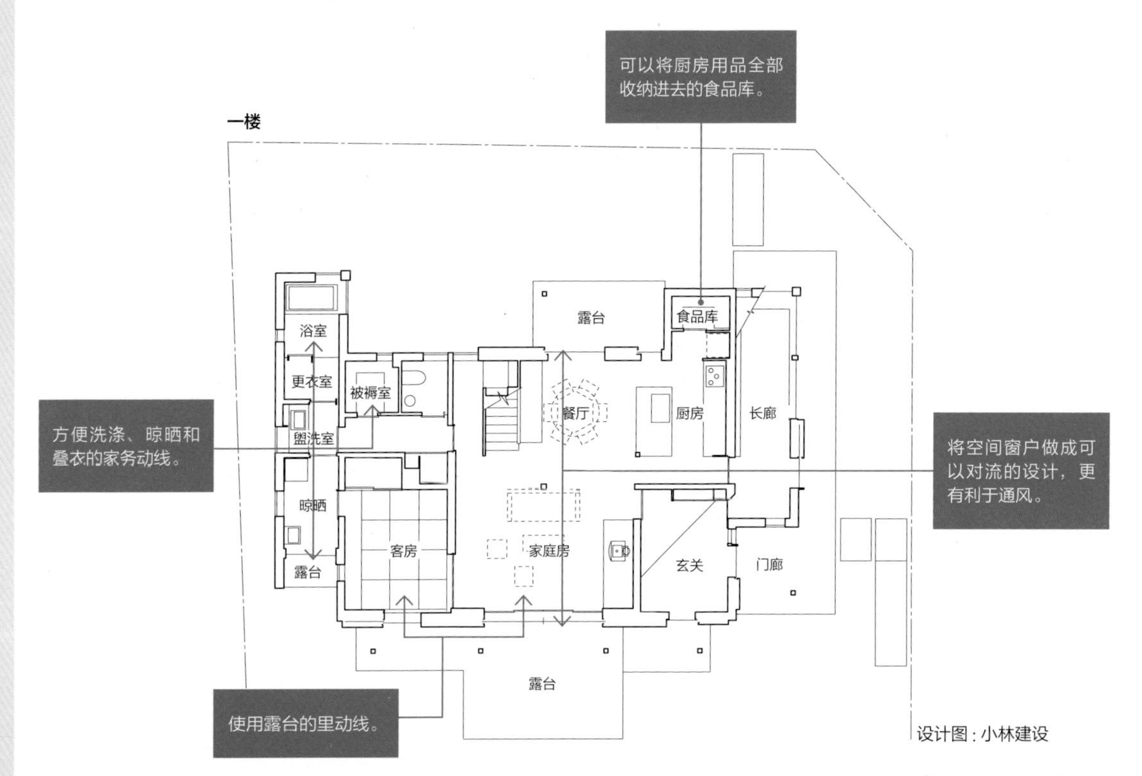

设计图：小林建设

在每个房间内都设计必要的收纳空间

再素雅的室内设计，如果房间里堆满了东西，都会变得很难看。在收纳整理的过程中，将物品收拾到同一房间的收纳区最为高效。所以，在哪个房间使用，就在哪个房间设计收纳空间是非常重要的。

首先要准确把握户主所有物的多少，然后在每个房间都设计好收纳空间。物品增加是不可避免的，所以还需要设计出富余的收纳空间。为了避免出现之后买的东西太多放不下的情况，可以设计一些什么都能放进去的储藏室、天花板收纳、地板下收纳等。

同时考虑窗户的配置和房间布局

在进行房间布局设计的同时，还必须要考虑窗户的配置。除了考虑方便室内外视线互通，还要根据日照、通风、换气和美观等各方面因素决定窗户的位置和大小。窗户的配置和房间的用途与配置有很大的关系，因此有必要多花些时间进行设计。

其实这些都是有据可循的。例如，窗户要根据不同地区的风向，设计成南北、东西相对的，这样可以促进通风。此外，如果有挑空，可以在上部设计窗户，这样可以增加采光，促进向下层北侧排出热气。在城市中，多采用高窗和天窗设计，有利于保护隐私和促进通风。

根据结构来设计布局

若想根据布局来决定墙壁的位置，则必须将结构规划与布局设计同时进行。

结构设计中最重要的是统一一楼和二楼柱子的位置，墙壁的位置也最好一楼和二楼进行统一设计。通常来说，最好先设计以单人间为中心、柱子和墙壁较多的二楼布局，然后根据柱子和墙壁的位置再设计一楼的布局。另外，按照910 mm或1000 mm的格栅配置墙壁和柱子，这样上下层的柱子和墙壁也会更容易统一。

尽可能减少走廊

走廊不是房间，在住宅里是专门用于通行的被浪费的空间。因此，尽可能设计没有走廊的布局。例如，将一楼的玄关和LDK连在一起，在LDK的角落设置盥洗室、更衣室和浴室，这样就不需要走廊了。二楼单人间很多，所以还是有必要设置走廊的，但可以将楼梯设计在中央，朝着楼梯设置各房间的入口，这样就能有效地控制走廊面积。

将走廊的宽度稍稍扩大，在多余的墙壁上设计书架或吧台，做成读书角、学习角或书房也不错。

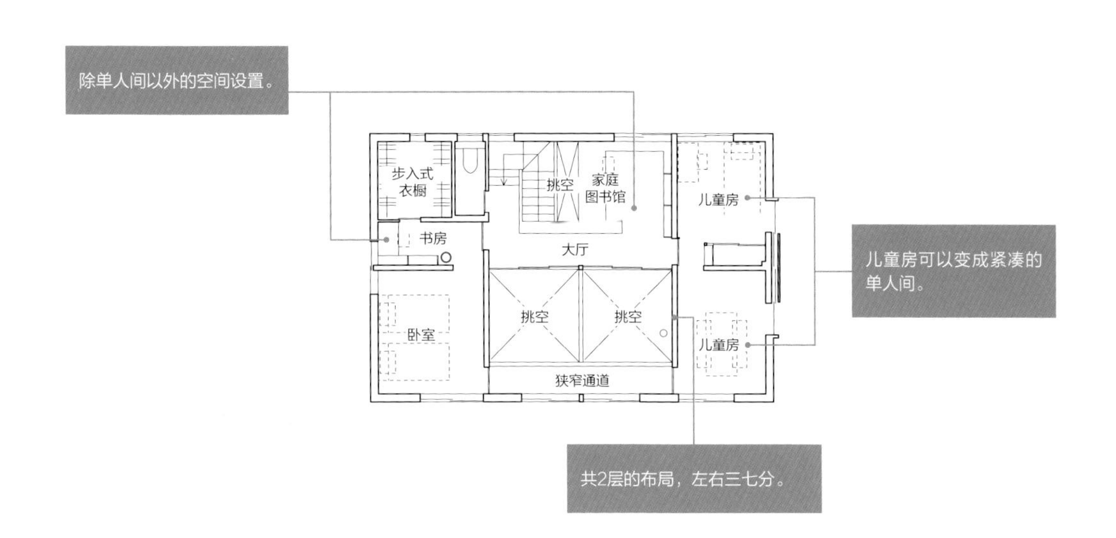

使小户型住宅的起居室和儿童房紧凑一些

越来越多的人选择小户型住宅。不仅是因为用地本来就小，更是希望通过减少装修建造费用和地板面积来节省开支。除此之外，还因为在小房间的活动少，打扫起来更轻松，住起来更舒适。

住宅变小后，各房间的面积规划是首要的问题。若盲目地将每个房间都变小，则会降低居住舒适性。如果想要限定房间进行缩小，那么推荐缩小儿童房。在住宅的使用过程中，孩子在家里的时间非常短。每个儿童房设置4.5叠榻榻米大小就可以。将桌子放在公用空间的话，3叠榻榻米大小也就足够了。

还有一种方法就是省略起居室。起居室是用来放松的场所，如果将餐厅的椅子做得舒适一些，将电视机安在餐厅的墙上，就不需要起居室了。

充分考虑家务和生活动线

在考虑布局的时候，有必要充分探讨是否具备能够顺畅进行洗衣、晾晒、扫除和烹饪等家务以及洗浴、休息和外出准备等日常生活流程的动线。最简单的就是将浴室、盥洗室、更衣室、洗涤室和晾晒空间等集中在一起。若能设计一个家务台，将熨烫和叠衣在一处进行会更方便家务工作。或将厨房和食品储藏室设置在一起，不需要走动就可以完成一系列的工作。

生活动线也是一样的。在房间里或者房间周围设计一个衣橱，用来放置衣服、包和小物品。将经常穿戴的外套和帽子等挂在离玄关近的地方。此外，两个房间不仅通过走廊相连，还能通过房间之间的门、连廊以及庭院的动线相连。

KAI GAN

所在地	北海道伊达市
家人构成	夫妇（半退休或移居国外者）或夫妇+1个孩子
构造	木质平房
用地面积	254.55 ㎡
建筑面积	109.17 ㎡
总建筑面积	112.41 ㎡
竣工时间	2010年11月
设计施工	SUDO设计、SUDO HOME
抗震性能	等级2级
隔热性能	热损失系数为1.58 W/（㎡·K）
其他	认定长期优良住宅

好住法则

47

布局

灵活设计条件差的用地

一直被设定为样板房的KAI GAN，是一栋纵向开间很长的平房。用地是长31 m、宽8 m的细长形状，而且从5m宽处开始向下倾斜，用地中央有一块很大的洼地。虽然从各方面看这都不算是一块条件好的土地，但西南侧没有任何遮挡，面朝宽阔的内浦湾，这样的美景是这块土地的唯一魅力所在。按照设计，将最适合观景的场所设计成起居室，并安装了一个大面积的落地窗。为了避免西晒，需要稍稍改变一下建筑物的朝向。

设计时的瓶颈是空地中央约1.6 m深的洼地。作为总承包部门的SUDO HOME，虽然无法解决这一问题，但担任设计的深濑正人先生想出了灵活运用这块洼地的方案，计划将这里设计成餐厅和厨房的空间。

（SUDO HOME）

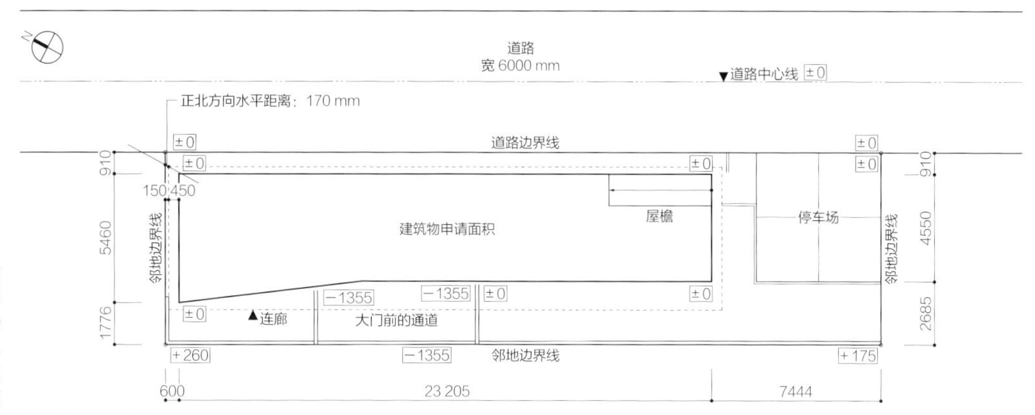

平面图　1：300

从道路一侧（右上）和海岸一侧（右下）看到的外观。从起居室可以看见美丽的海岸线（左）。窗户的幕墙采用“SBwall”（m.a.p）施工方法，玻璃采用低辐射双层玻璃。导热系数为1.19 W/（m²·K）。夏季外面树木的枝叶茂盛，可以遮挡日照。

好住法则

48

布局

在高基础的住宅里扩大空间

深濑先生利用洼地做出了一个从起居室向下延伸半层的餐厅和厨房。一楼设计了比较低的2200~2600 mm天花板，下到餐厅后，地板到天花板之间就形成了4000 mm的挑空。这样的话，整个LDK的空间就增加了，做出了一个单从外观来看完全想象不到的开放式空间。

这样的半地下餐厅符合建筑确认申请（由房主或建筑公司向相关认定机构提交的确认申请书）中规定的挑高1400 mm以下的为小阁间，不属于地下室。所以设计师做出了一个1550 mm的高基础空间，并将起居室地板下的空间做成收纳空间。

（SUDO HOME）

左图：餐厅、厨房和起居室通过挑空连接在一起。地板上铺设着瓷砖，和一楼的室内装饰融为一体。冬天通过中央地暖进行采暖。

右上图：从餐厅可以去往露台。

右下图：从走廊向下看餐厅的样子。

有效利用1400 mm以下的高度

家务台

利用走廊地板下的空间，做成空气流通的食品库和家务台。放电饭锅的地方也可以做成伸缩平面。

地板下收纳

可以通过餐厅的小门进入起居室地板下的收纳空间。

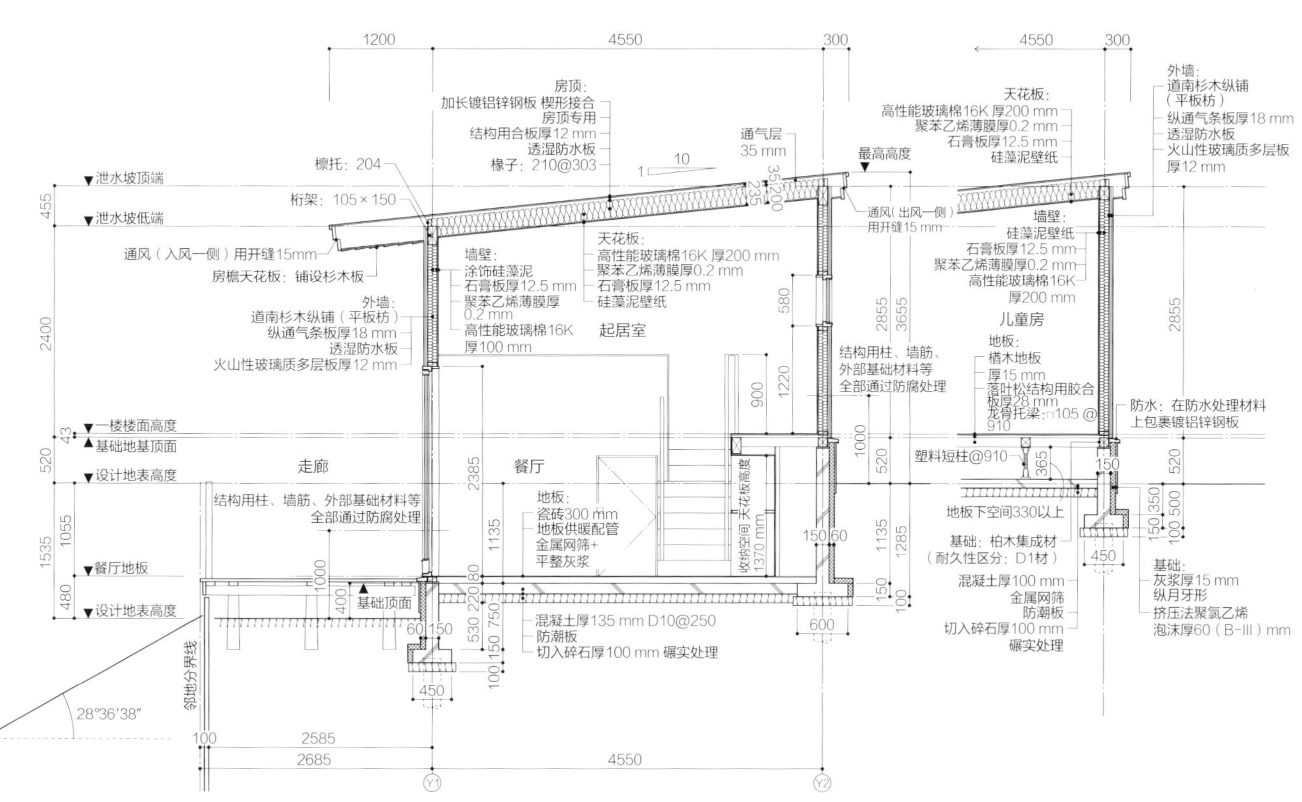

建筑剖面图 1：80

一楼起居室窗户外的树枝叶茂盛，遮住了西晒。有坡度的天花板向窗户倾斜，将人们的视线引向到窗外。

好住法则

49

布局

高隔热高密封的方案

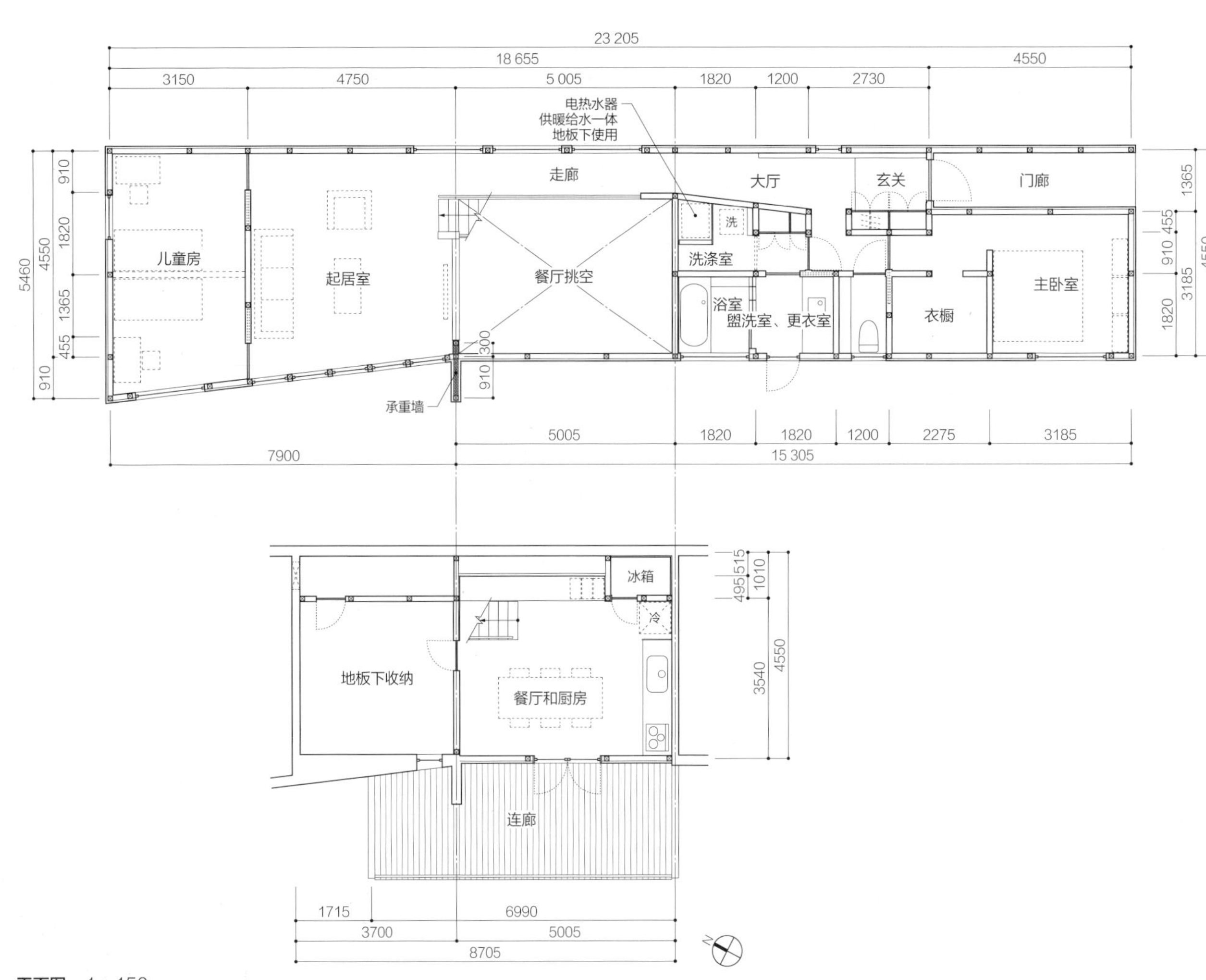

平面图　1：150

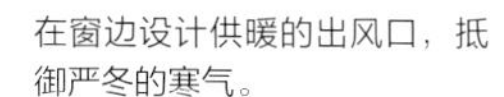

在窗边设计供暖的出风口，抵御严冬的寒气。

在走廊的墙边设计供暖的出风口，抵御来自东侧窗户的冷风。

浴室旁边的洗衣间不安装门，用门帘隔开。中间设置家用型的锅炉（北海道地区一般都将其设置在室内）。

SUDO HOME是北海道最早使用高隔热、高密封性设计的公司，不论设计还是施工都确保了住宅高性能。现在着手设计的住宅除了附加隔热外，地基也使用外隔热，以U_A=0.3 W/（㎡·K）为标准。

从玄关到屋内的儿童房没有分隔，做了连成一体的设计，全家人在冬天都可以享受高性能的暖气，窗户的性能也很好，不用担心热损失。所有房间的窗户都设计在西侧，可以看见一望无际的大海。

冬天不需要在各个房间设置中央暖气系统，在夏天也只需要进行开窗通风，完全不用专门安装换气设备。

（SUDO HOME）

好住法则

50

布局

巧妙利用高基础的空间

◎ 在低于房屋底盘的位置埋设暗渠进行排水。

◎ 用渗透性好的沙子回填暗渠。

◎ 在混凝土施工缝的部分放入止水板。

◎ 浇筑混凝土后，用试件进行压缩强度试验(3kN)，在确认混凝土强度的同时，推进工程。

150
75 75
顶面均匀的灰浆
15
50
2- 直径 13
挤压法聚氯乙烯泡沫
厚 100
780
直径 10 纵条和横条 @200
地表高度
560
710
止水板
2- 直径 13
直径 10 纵条和
横条 @200
150
D10
D10
150
碎石
300 300
50 600 50
700

SUDO HOME很擅长设计高基础，基础的外隔热采用标准做法

基础剖面图 1 : 15

实例 1

DAN DAN（2017年）

北海道札幌市

利用建筑用地和路面的高度差修建的玄关

从玄关进来之后，上楼梯进入一楼。高基础的地板下面的空间可以用作宽敞的玄关储藏室。

大门通道处的楼梯，下雪的时候会很滑、很危险，设计了一个可以从简易车棚通过的平地通道

在道路向上倾斜的土地上建成的高基础(150 cm)的住宅。一楼窗户的位置很高，可以遮挡外来的视线。

实例 2

亭屋（2009年）

北海道洞爷湖镇

在半地下空间做出6个孩子的儿童房

从起居室的楼梯可以下到学习空间。书架之间是各房间的入口。

利用高基础地板下空间的6人书桌学习空间，通过此通道3个儿童房相通。

从玄关上几级楼梯后是一楼。左边的楼梯通往鞋柜。

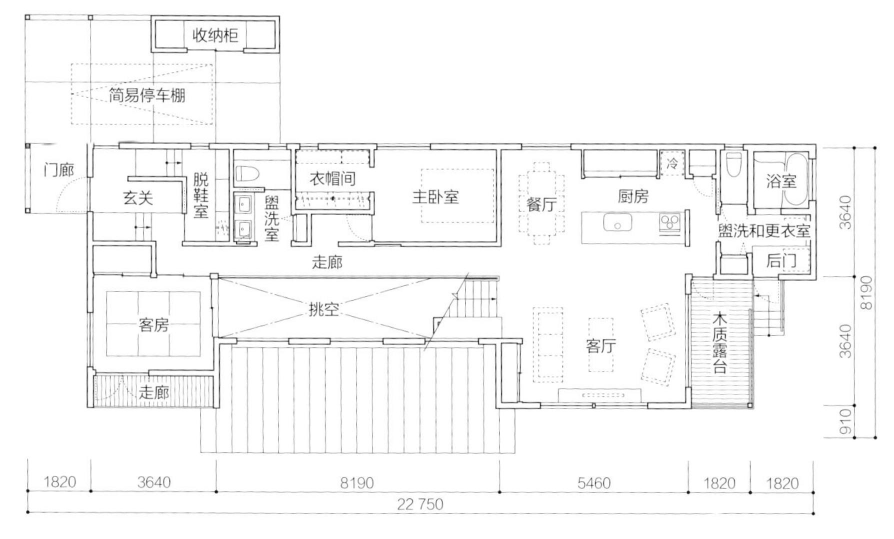

南侧外观。披屋部分并排的3个窗户就是儿童房的高窗。

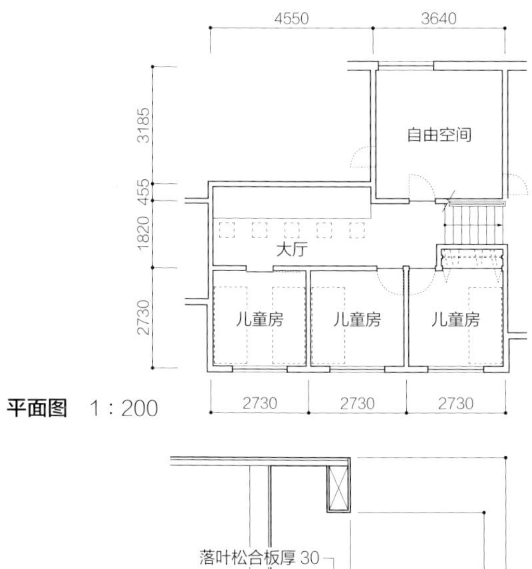

平面图 1:200

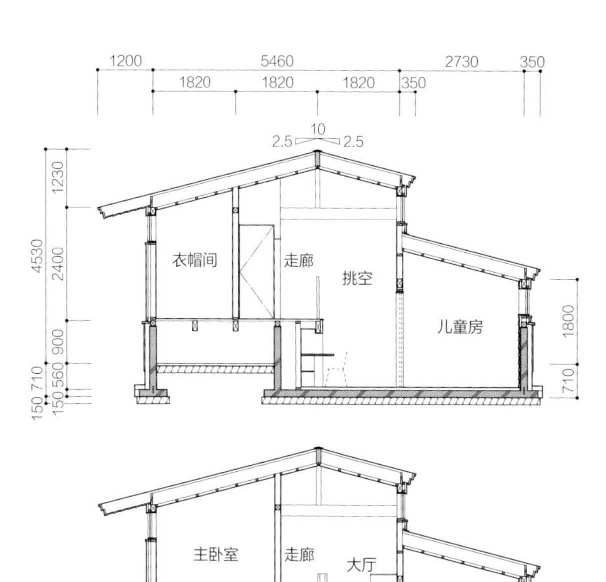

落叶松合板厚 30

445 400 300 700 1142.5 1440

大厅定制书桌剖面图 1:40

剖面图 1:150

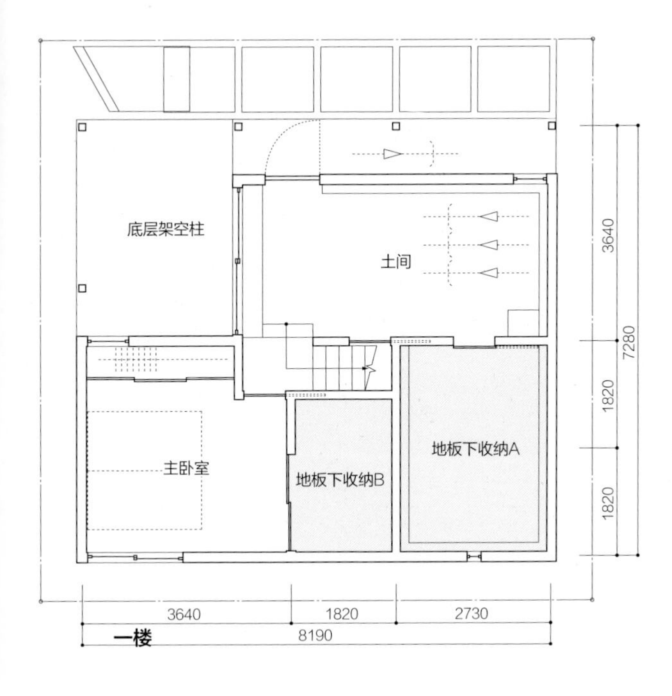

从一楼的土间玄关到二楼错层的儿童房，跃层式建筑的每个房间都通过螺旋状的楼梯连在一起。图中是从土间看楼梯间的样子。

好住法则 51 布局

充分利用跃层式建筑的每个角落

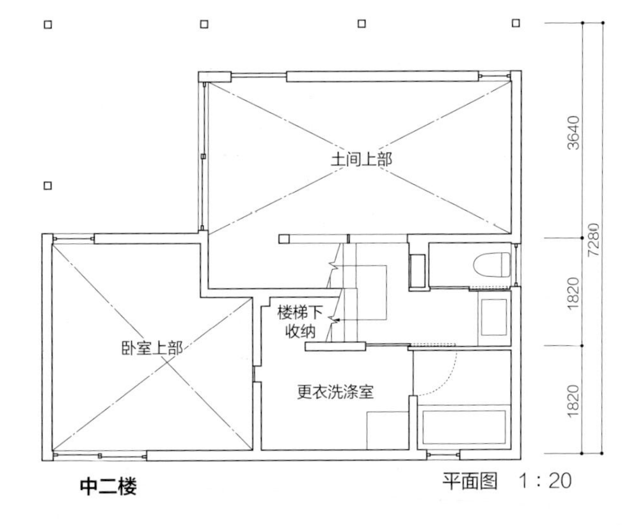

一个房间大小的玄关土间也是T先生的兴趣小屋。两扇门中右侧是楼梯下的收纳室，靠里侧那扇是换气设备的检修室和地板下收纳空间。

楼梯下面的小空间也可以作为放置工具的地方。

92.4 m^2的用地，不管再怎么使用，也没有办法利用平面内所有面积，因此建筑师饭塚丰利用纵向空间，创造出了更多空间。再加上优良的隔热性、密封性技术的支持，在寒冷的地区也可以做出充分利用家里每个角落的设计。“户主的需求是要有可以进行铁人三项训练和自行车维护的土间”，在此基础上，建筑师设计了房间下面有隔热性能的基础隔热玄关，同时还确保了有足够大的房间面积。

中间的二楼集中了浴室、厕所、更衣室和洗涤室等用水区域。在1400 mm高的地板下空间，换气设备检修室也可以作为储藏室使用。新潟地区的居民不论夏天还是冬天，都习惯在室内晾晒衣物，因此更衣室不铺设天花板，让太阳直接从二楼南面的窗户照进来。

（有机工作室新潟支店）

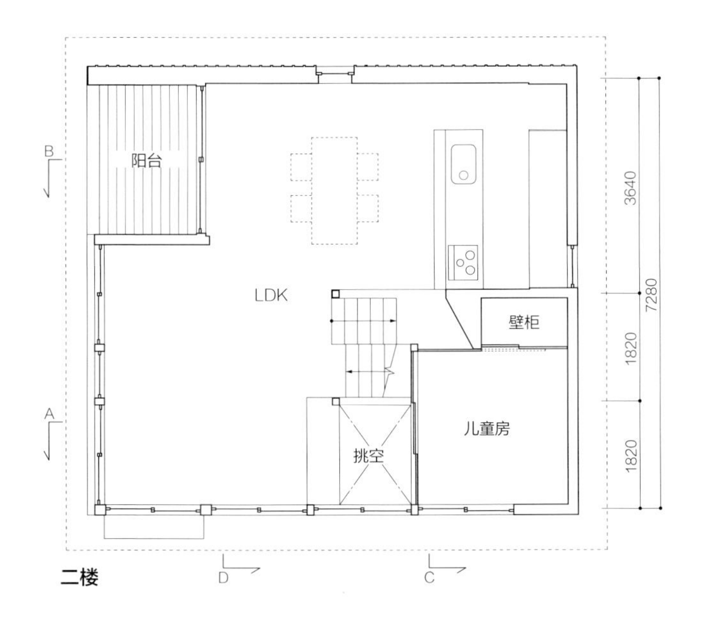

二楼

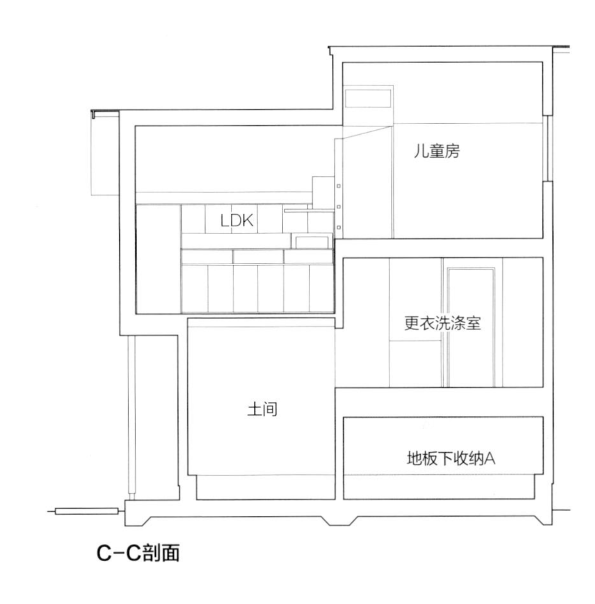

C−C剖面

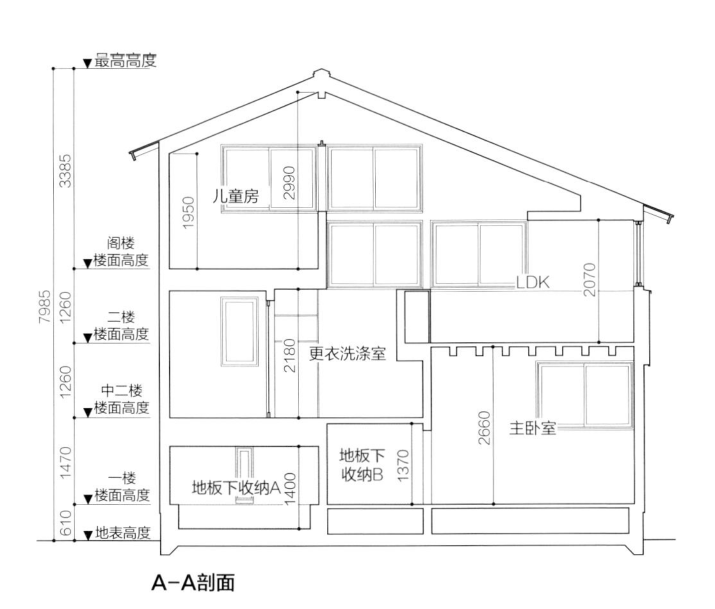

A−A剖面

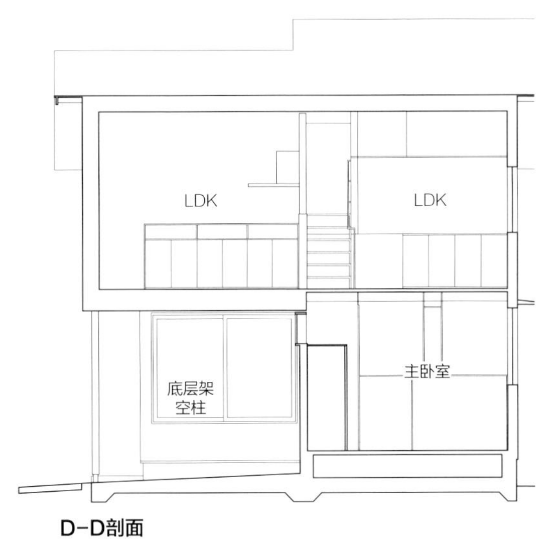

D−D剖面

平剖面图 1：120

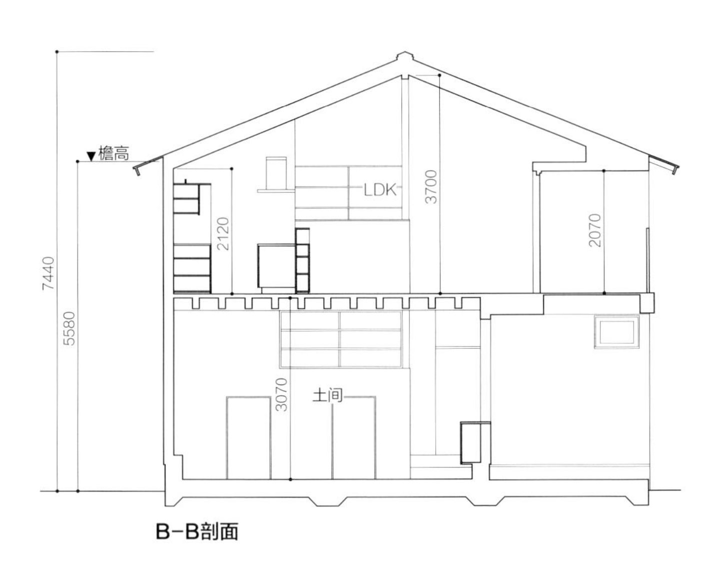

B−B剖面

将更衣洗涤室做成挑空结构的，从朝南的窗子获取采光。

一楼主卧室旁是洗涤室的地板下收纳空间。

西侧

为了能从西侧眺望公园，安装了不锈钢支架，将整面墙都做成窗户。春天时可以在阳台赏花。

\好住法则/

52

布局

各方向窗户的功能

东侧是邻居家，所以窗户最好少一些。在二楼了设置一处供厨房通风用的小窗。

东侧

南侧

为了获取采光，在南侧设置了几个双槽推拉的防火金属窗。图片里是蜂窝帘放下来的状态。

面向道路的北侧，为了确保环境安静和隐私，只在需要采光的地方设置窗户。在二楼的中央位置，设计了一个凸显悬山顶的夹缝窗。

北侧

\好住法则/

53

布局

结构自由度高的平房

本案例建于新潟县新发田市的郊外，住宅被农田围绕。拥有广阔的用地，周围的住宅也很少，为了能在室内看见远方的山和田地，计划建造一个灵活利用周边环境的住宅。另外，户主的两个孩子还小，需要一个随着孩子的成长能够持续使用的住宅布局。土地是女主人从老家继承的，因此从某种程度上来说，在建筑的建设中可以适当放宽预算。

因此将建筑设计成了拥有开放式大窗户的平房。如果建筑面积足够大，结构也很优良的话，那么即使只有一层也会非常便于生活。将来也可以将其转换成可过无障碍式生活的平房，从居住环境来看，优点很多。这座住宅最大的优点是有大面积的窗户，之所以能够这样设计，很大程度上是因为平房的构造负荷小。

（佐藤工务店）

从起居室看3面的窗户。将这么大的窗户作为建筑物中央的核心结构设计，必须要满足三个要素：平衡性好的承重墙、柱子的设置，以及小负荷的平房。墙边天花板气焊孔的部分是布线空间。

好住法则

54

布局

方便室内活动的房间布局

此为南侧是LDK，北侧是主卧室和用水区域的简单布局。但是户主希望在住宅的中央设置一个音响室，并以此为中心设计一个走廊，形成一条环形动线。在房子的外侧设计木质连廊和小通道，形成通过每个房间的落地窗可以到处走的外动线。

为了随时欣赏周围的景观，在起居室设计了由固定窗和落地窗组成的大面积窗户。孩子的房间是10.5叠榻榻米的开放式空间，如果将来需要作为两个单人间来使用的话，就要考虑配置隔窗和柱子。除此之外，步入式衣橱、食品储藏室、玄关收纳等收纳空间也很多，即使将来家中的物品增多了，也可以从容应对。

（佐藤工务店）

从起居室看餐厅和榻榻米空间。榻榻米空间的墙壁后面是音响室。这部分墙壁为承重墙，起核心支撑作用。右侧可以看见玄关的收纳间。

右图：厨房内部。用3层云杉实木板材制作的工作台和厨房收纳架。厨房里面设置了食品储藏室。

左图：从起居室看餐厅。中央的核心部分支撑着整个建筑物，因此角落的柱子才可能支撑起大大的窗户和房顶。

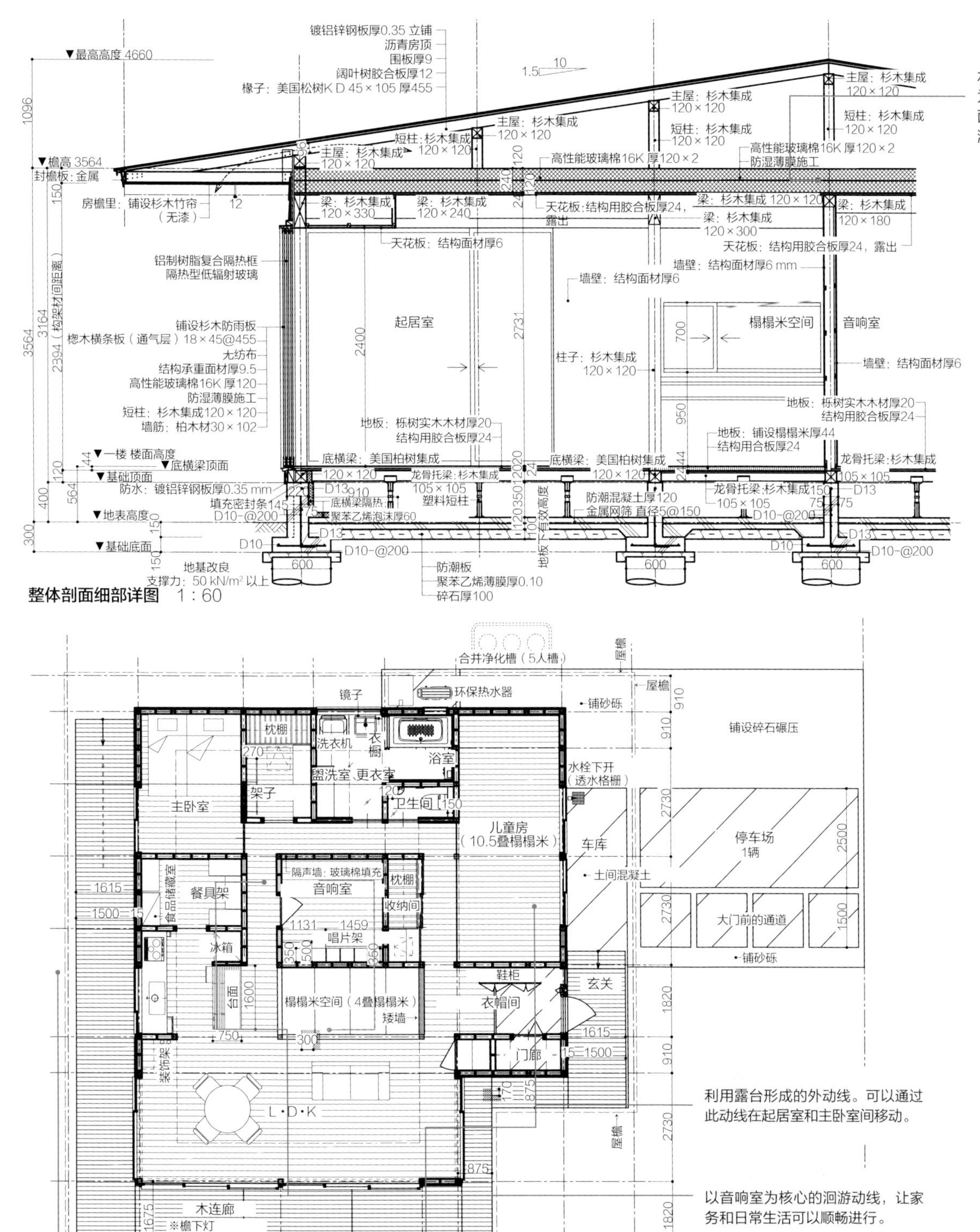

整体剖面细部详图 1：60

平面图 1：150

水平的厚合板直接作为天花板铺设，在上面毫无缝隙地铺设防潮薄膜和隔热材料。

利用露台形成的外动线。可以通过此动线在起居室和主卧室间移动。

以音响室为核心的洄游动线，让家务和日常生活可以顺畅进行。

\好住法则/

55

布局

同时考虑结构和布局

南面外观。南侧设计了很多落地窗，特别是一楼，通过连廊将庭院与和室以及起居室连接起来。

伊势原K宅

所在地	神奈川伊势原市
家人构成	夫妇+1个孩子
构造	木质两层建筑(古法)
用地面积	399.57 m^2
一楼使用面积	83.22 m^2
二楼使用面积	44.92 m^2
总建筑面积	128.14 m^2
竣工时间	2014年4月
设计施工	神奈川绿色环保住宅
结构设计	神奈川绿色环保住宅
抗震性能	3级(通过容许应力度设计和长期优良住宅申请确认)
隔热等级	Q值为2.55 W/(m^2·K)
冷暖气设备等	空调2台和蓄热供暖机

按步骤介绍抗震等级为3级的住宅的布局设计。以基本的框架作为基点，做好布局之后，起草建筑物内部结构立体图，根据市面上销售的结构计算软件“STRDESIGN”(富士通FIP)的容许应力计算判定是否达到抗震要求。如果材料尺寸、承重墙和水平桁架面等有不合格的部分，那么在思考相对的平衡之后再进行修正，最终达到3级抗震等级的要求。

如果只要求抗震等级达到3级，那么没有什么困难，难的是在不损失空间的魅力情况下达到抗震等级标准。可以让抗震性和空间魅力并存的斜梁必须在单纯的平面形才能发挥其特性，这使该项目对布局依从性弱的特点成为设计瓶颈。为了在确保布局自由度的同时完成结构上的整合，必须同时考虑布局和框架。这里以建筑师吉田桂二直接传授的设计经验为基础，在抗震等级达到3级的基础上设计门窗，做出在框架设计上有魅力的空间。

吉田桂二风格的布局设计的基本想法是：设想共两层结构，首先决定二楼的布局，接着再决定从二楼下到一楼的方法。共两层的建筑在结构稳定的基础上，从上下楼楼梯的结构，确定柱子、梁和墙壁等的配置，这样一楼和二楼构造的整体性高。

(神奈川绿色环保住宅)

左图玄关一侧的车库。这里也是作为两层建筑的披屋设计的。
右上图从街道看住宅的外观。由于用地有一定坡度，所以在挡土墙和垫土地基之上建成了住宅。
右下图西侧外观。是在总共两层的建筑外附加披屋的结构。

好住法则

56

布局

利用披屋来确保大的LDK空间

这一住宅建于神奈川伊势原市，四周被农田围绕。因用地稍有一些倾斜，在房前道路一侧做了挡土墙，然后进行填充，将用地修整平坦。家庭成员包括夫妻和1个孩子，由于招待客人的情况较多，希望有一个很大的LDK空间。土地是女主人从父母那里继承的，预算较充足，想要一个稍微宽敞一些的布局。

南侧作为庭院，建筑物整齐地挨着用地北侧而建，在结构上分为主屋（共两层的部分）和披屋。披屋的一部分没有墙，作为停车和晾衣物的场所。

二楼的布局是由寝室、儿童房、储藏室和兴趣角构成的。北侧设置了和挑空融为一体的楼梯。一楼的布局将玄关、和室、盥洗室、更衣室和浴室设置在披屋，二楼正下方的部分全都作为LDK空间，做出了一个很大的起居室。没有让这样大的起居室空间横跨棚屋和披屋两个部分也是结构上一个很重要的点。

（神奈川绿色环保住宅）

从一楼起居室看和室。起居室加和室是约32叠榻榻米的大空间，非常宽敞。天花板的梁和柱子基本露在外面，框架结构设计考究，给人一种井然有序的氛围。

餐厅和厨房。上面部分是和楼梯间融为一体的挑空。窗外是绿色的农田，窗户框出了这个住宅最美的风景。

二楼在5个阳角处设置了通柱。

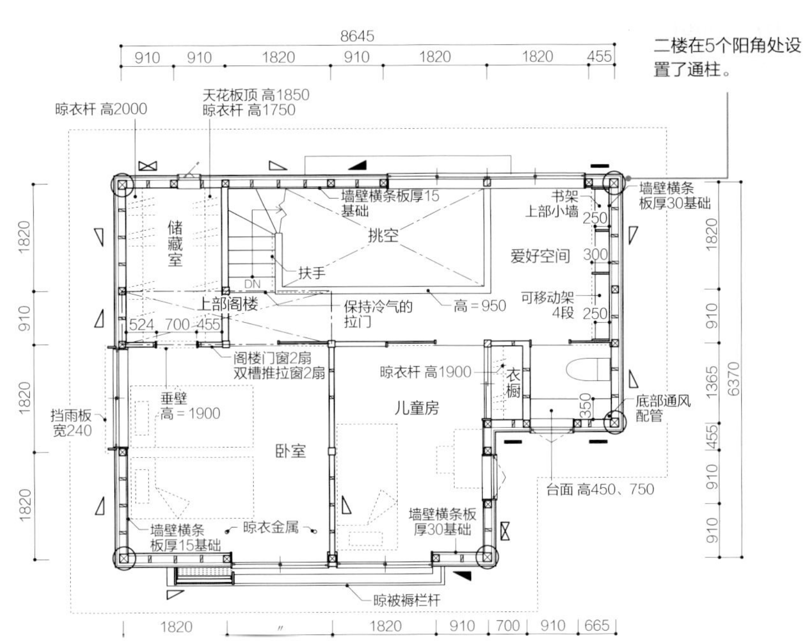

二楼平面图　1：120

两层的建筑里设置披屋是合理的结构

南侧的窗户多，在有限的墙壁上很好地配置了承重墙，保持了建筑的平衡。

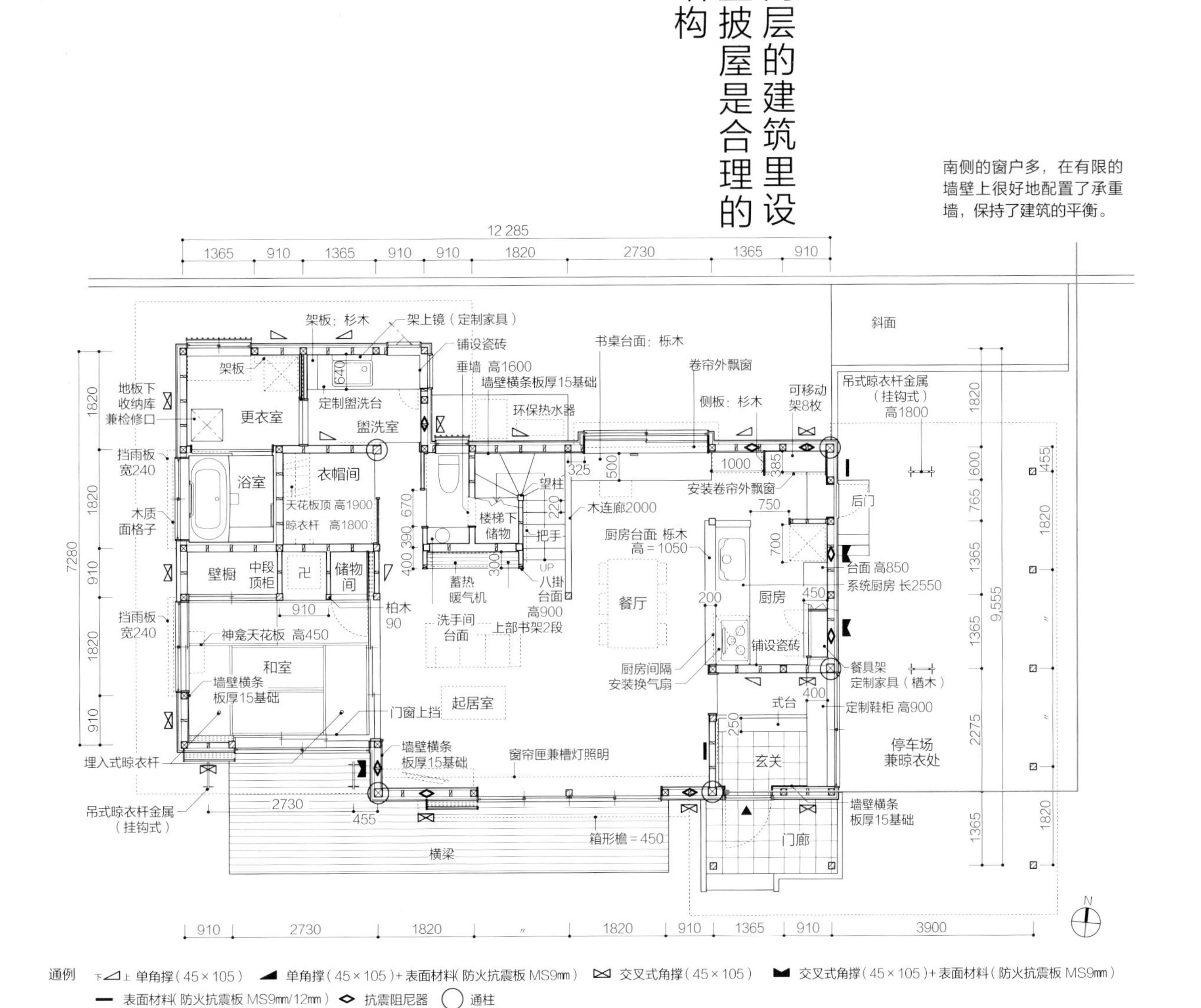

一楼平面图　1：120

将玄关的门打开，正面是固定窗户，可以让视线穿过庭院，很好地展示出庭院的深度。庭院根据女主人的偏好，由富井造景负责设计。从玄关到室内设计了弯曲的通道，巧妙保护了室内隐私。

从盥洗室通过步入式衣帽间能一眼看到和室。除了厕所，基本上都没有安装门。夫妻都很注意不囤积用品，因此所有的收纳都集中在这里。厕所的墙壁只有一面涂成了红色。

K先生夫妇这次修建的是作为最终住所的家。因为用地采光不好，又不想建成平房，所以建成了控制高度的两层楼，在挑空区域设计了高侧窗用来采光，舒展的挑空区域让人印象深刻。在获得开阔空间的同时，还要确保房屋有很好的抗震性，因此三浦先生和池田组共同研究了结构，做了一个不用担心下雪的，可以防2 m厚积雪的设计，同时确保房屋的抗震等级达到2级，在积雪厚1.5 m时抗震等级可以达到3级。

由于孩子已经独立，只有夫妻二人在这里住，基本的生活空间都集中在一楼。不需要单人间，除了厕所和浴室以外，其他的地方都不装门，整个家都是相通的，看起来很宽敞。夫妻两常在家招待客人，如果客人来了，除了起居室一侧的表动线，还配置了从浴室到步入式衣帽间，再到和室的里动线。此外，在厨房还设计了后门通往车库和杂物间，从外部进入的通道也是正门和后门两条动线。

（池田组+设计岛建筑事务所）

不用门窗隔开
开放的设计

\好住法则/

57

布局

将动线分为表动线和里动线

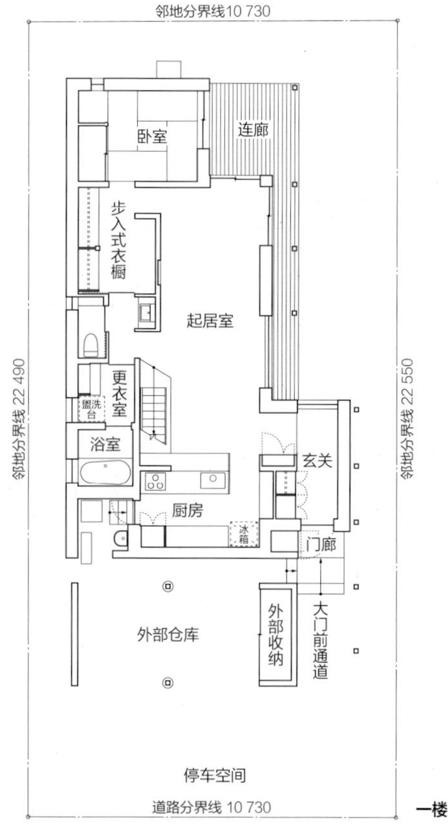

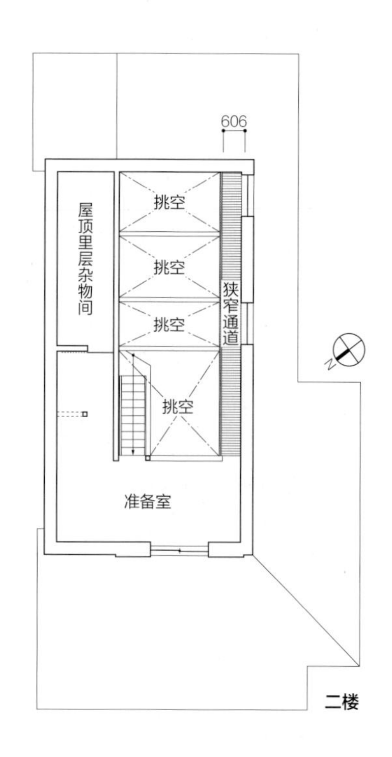

平面图　1：200

由于是细长形状的用地，所以选择了一个室内有一定深度的设计。玄关部分是平房，餐厅和起居室上方是挑空。主要使用天然材料，斜梁和露明梁等使用的是日本国内产的杉木。沙发背后的墙壁里面是步入式衣帽间。

设计面积小的住宅时，儿童房要尽量做得小一些，这是不可动摇的法则。这里将相邻两个儿童房的床做成收纳式的，让儿童房看起来很紧凑。为了让儿童房更紧凑一些，可以将学习的桌子放在走廊里，做一个学习角。

这家一共有3个孩子，但是只做了2个儿童房。因为考虑到等第3个孩子长大一些的时候，最大的孩子可能已经成年，开始一个人生活了。所以尽量紧凑、简单一些。在儿童房的设计上也反映出了饭田先生的思想。

（饭田亮建设设计室）

好住法则

58

布局

尽量将儿童房做小一些

在儿童房门口设置的学习角（书房），里面的房间是主卧室。

其中一个儿童房。在左边下面的地板上铺上被褥就能睡觉，面前是一个衣橱。

另外一个儿童房。在右边上面的台子上可铺上被褥睡觉，台子下边的空间就是另一个儿童房的床铺。

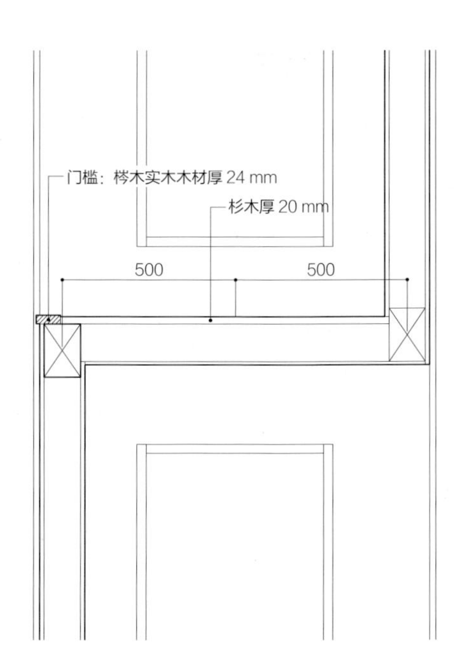

儿童房床的剖面图　1：20

第5章

绿色环保住宅的22项好住法则

近年备受瞩目的绿色环保住宅和超高隔热住宅，
不仅节能环保、经济实惠，还可以减少家中温度变化，
有舒适性以及健康性方面的优点。
本章用案例具体地解释说明了绿色环保住宅的“好住法则”。

将HEAT20 G1以上作为基本的隔热性能等级

在隔热性能方面，最大的话题就是应该将隔热性能设定到哪一等级。除了日本《品确法》中规定的隔热等级外，还有很多的等级。跟住宅相关的是HEAT20 G1[日本住宅隔热技术开发委员会发布的日本住宅热损失率等级，U_A=0.56 W/（m²·K）]以上，跟隔热性能四级即节能基准[U_A=0.87 W/（m²·K）]相比要高得多，无需使用附加隔热等特殊的隔热技术，只要提高窗户的性能（例如将铝制框加双层玻璃换成树脂框加双层低辐射玻璃）就能轻松实现。另外，采用这一隔热性能等级不仅仅大幅度减少了暖气费用，利用日照的蓄热效果也很优良。考虑到停电等紧急情况，以及今后能源价格上涨的可能性和节能标准进一步提高等因素，这种等级的隔热性能是很有必要的。

虽然鼓励通过零能源住宅设备的安装和使用，来建造有良好节能效果的住宅，但这不是最好的方法。因为设备比住宅的使用寿命短，在使用期间有出故障的风险。安装太阳能发电和各种节能系统，费用也会相应地增加。但在住宅的隔热性能上，为了达到HEAT20 G1等级而增加的成本，仅仅是用于更换窗框的50万日元左右。与节能设备相比，性能结构方面的老化也相对较少。

确保门窗良好的密封性能

在2012年实施的日本《新节能基准法》中，建筑密封性能不再被明确要求，但这并不意味着密封性就不重要了。将其从《新节能基准法》中删除是因为实施密封测定很麻烦，不能通过申请文件进行确认等客观原因。只要有缝隙，热量就会流失，即使隔热性能再高，若密封性能低的话，也没有任何意义。为了让隔热性能充分发挥作用，必须提高密封性。

理想的密封性能目标是C值小于或等于1 cm²/ m²。虽然感觉达到这一目标有些困难，但只要用胶合板、密封板、密封胶带和密封填充物等仔细地进行无缝施工，还是有可能完成的。为了完成此项工程，要让工匠师傅以及现场工人们充分理解密封工程的意义，另外，密封工程完成后一定要进行密封测试，要在维持和提高施工精度上下功夫。

夏天活用遮挡阳光的设备，不让阳光照入室内

夏天最好不要让阳光直射进室内。住宅高隔热化可能会使住宅因长时间日照而导致室温上升，进而直接造成冷气费用的增加。

最好的解决方法就是利用外置百叶窗或外置遮光帘等遮挡阳光。如果是朝南的窗户，房顶和房檐也有同样的作用。如果是东西向的窗户，除了外置的日照遮挡设备以外，树木或竹帘也有同样的作用。

虽然也可以使用遮蔽型的低辐射玻璃，但是不利于冬天日照的利用，因此要在充分研究后再决定是否使用。

冬天尽量配置能让阳光照入室内的窗户

占冷暖气费用比重较大的是冬天的暖气费用，就算是温暖的地方也是如此。日照产生的热能很大，对减少暖气费用有很大的帮助。因此，为了让冬天的阳光能够长时间地照到室内，有必要考虑房间和窗户的配置。

房间和窗户的配置用日照图和模拟软件来研究比较好。只增加1小时的日照时间，室内温度就会受到很大影响，要仔细研究日照并反映到设计当中。

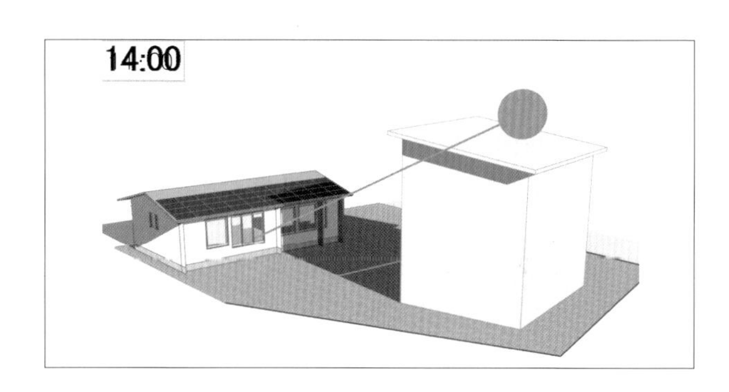

以抗震等级3级为目标

在抗震性能方面，以日本《品确法》的性能表示中的抗震性能最高等级3级为目标的案例越来越多。人们最常说的理由是：2016年熊本地震中，抗震等级为3级的房子几乎没有受损或倒塌。因为抗震等级3级和抗震等级1级和2级的住宅在受损程度上有明显的差异。

虽然抗震等级为3级的建筑的建造难度高，在设计上也有很大的限制，但只要抓住重点进行设计，也并不是什么难事。根据建筑构造的原理，均衡地设置墙壁，将二楼和一楼柱子的位置对齐，尽量减少挑空，严格地确定空间后再进行设计，抗震等级就可以接近3级。之后，在布局设计中，每次都通过构造计算软件进行测算，并随时进行调整即可。

好住法则 60 绿色环保住宅

与环境咨询公司合作，打造适合当地环境的绿色环保住宅

住宅的保温隔热结构和冷暖气设备的设计是由野池政宏主持的。小林建设将以太阳能等为代表的天然能源活用到被动房中，这个案例也是以被动房最高级别的性能为目标的。具体是以“自立循环性住宅研究会”的被动房基准最高级别三星为目标而设计的。这里不仅在隔热性能，在日照采光和恒温布局方面也下了功夫。

冬天的日照和依赖太阳能的被动式供暖基本上能满足整个房间对热量的需求。虽然安装有2台空调，但在夏天有时只需要1台，就可以实现降温。建筑物的性能：U_A值为 0.51 W/（m^2・K），Q值为 1.63 W/（m^2・K）。虽然还达不到超高隔热，但在冬天日照时间多的琦玉北部、群马南部，这种程度的隔热性能应该已经足够了。

（小林建设）

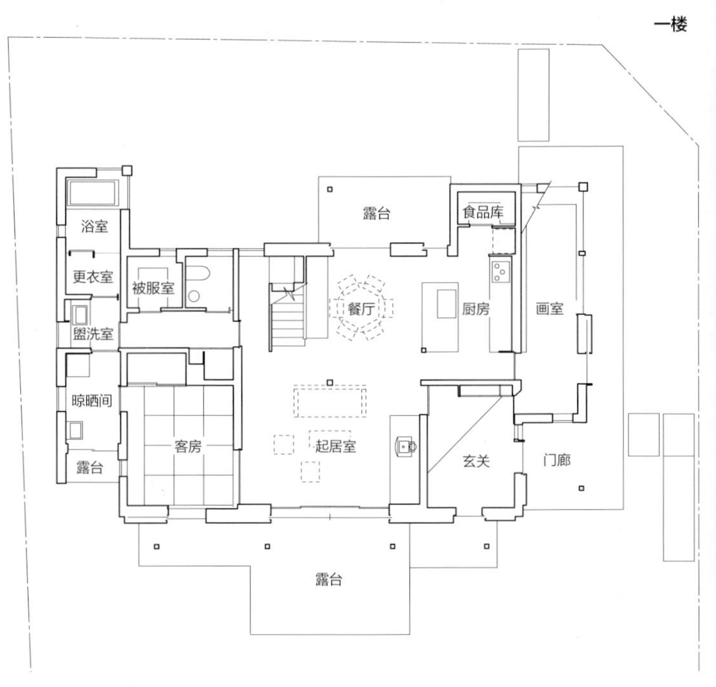

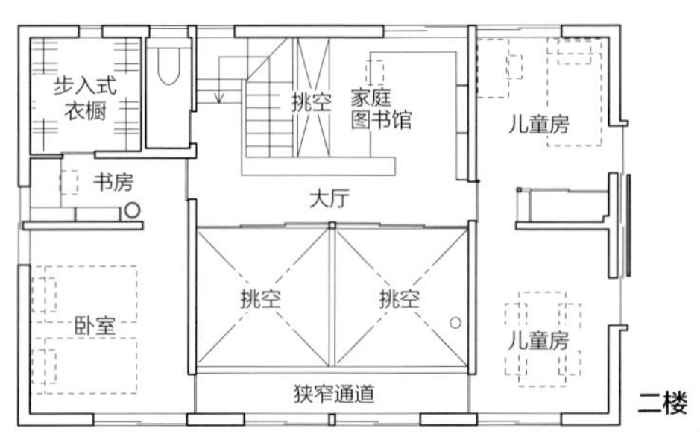

平面图 1：200

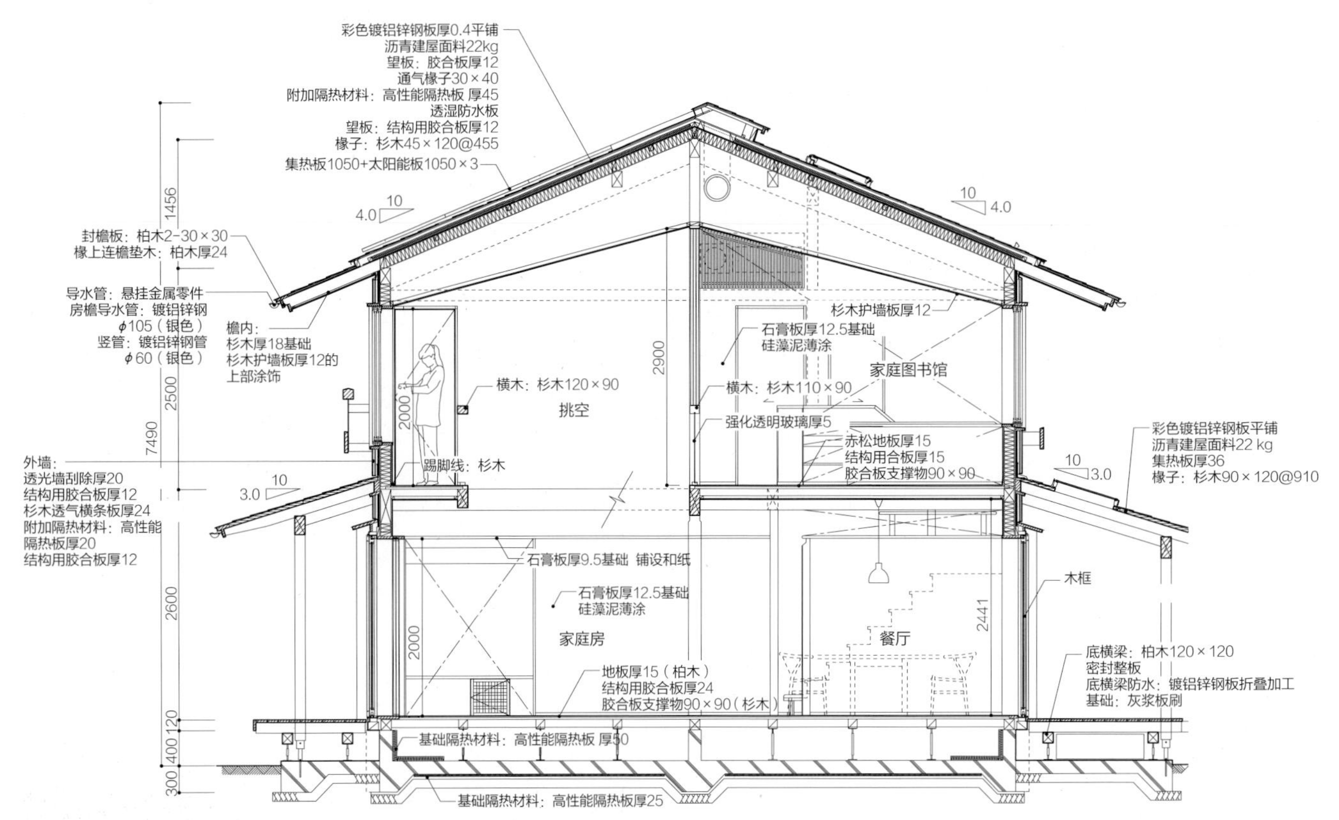

整体剖面细部详图 1：80

建筑外观

南侧外观，面向前面庭院的一侧开了很多扇窗户。一楼的板墙是防雨窗板的收纳层。房顶设置了太阳能板。

东侧外观。在悬山顶的山墙外侧附加了披屋的简单结构，披屋部分是画室。

客房的装饰架。这由没有边框的榻榻米和铺设着有色和纸的拉门等组成的现代室内装饰。装饰架的下面设计了一个金属窗框格子地窗。

二楼的寝室。设置了一个比房顶倾斜度稍小一些的坡度天花板，窗边的天花板高度为2000 mm。

将玄关用斜线分割成土间和玄关大厅。土间铺设着芦野石，扶手是由楢栎木加工而成的八棱柱，便于抓握。

左　从北侧的儿童房看南侧的儿童房。2个房间被有推拉门的收纳空间隔开。

一楼楼梯设计在靠近LDK的一侧，由于有一面巨大的袖墙，所以并不显眼。周围是露出柱子和梁等明柱的室内装饰。

上图：楼梯扶手前端的细节。

下图：楼梯的踢脚线和防滑条的细节。踢脚线使用的是杉木材料，防滑条使用的是樱花木的线材。

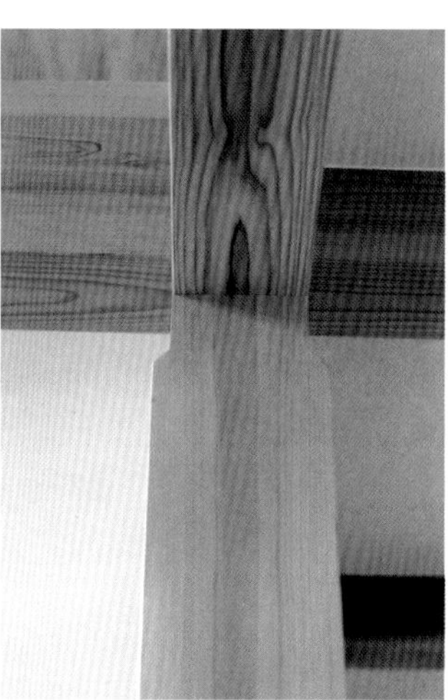

柱子的细节。根据梁的尺寸，切掉柱头。

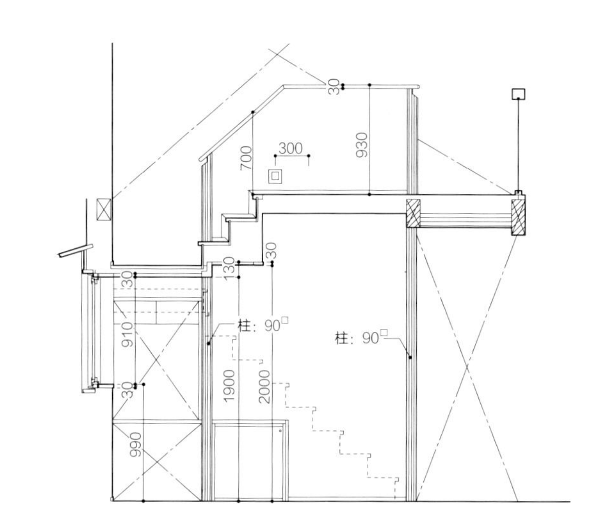

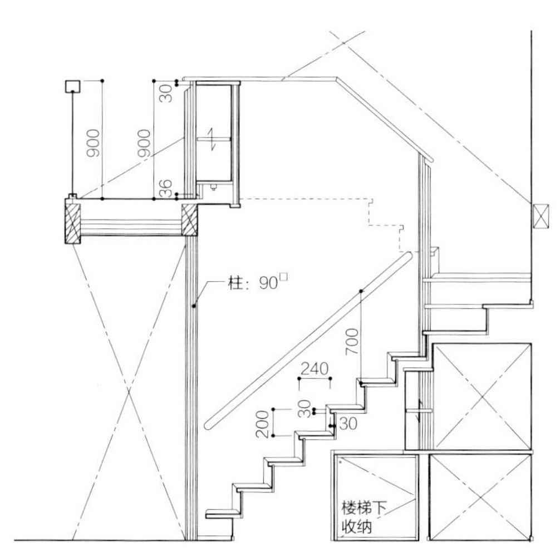

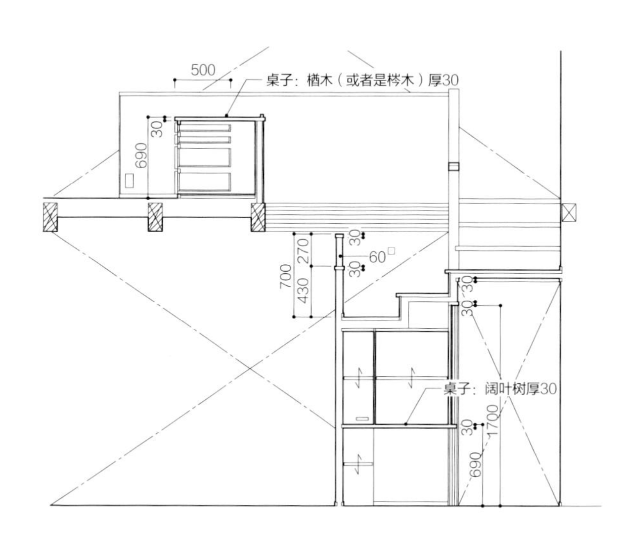

楼梯剖面图 1：60

好住法则

61

绿色环保住宅

将寒冷地区的乡村生活变得丰富的住宅

此为在秋田市郊外的别墅用地上建造的住宅。户主向往自然环境优美的乡村生活，因此购入了林木环绕、幽静安逸的别墅用地。同时，通过网络等途径寻找秋田周边的设计师时，知道了MOLX建筑社，在面谈以及去该公司设计的住宅参观后，决定委托MOLX进行别墅的设计和施工。

户主对MOLX建筑社设计的高品质住宅很感兴趣，同时也希望能够在东北地区的北部舒适地度过寒冷的冬天，并希望拥有一个空间很大，能欣赏周边丰富的自然美景的起居室。因此设计师设计了一个主立面横向延伸的平房，外侧是与周围树木融为一体的黑色外墙，在占住宅总面积一半的起居室里设计了很大的窗户，还在窗户的前面设计了大大的连廊，宽敞的起居室与外部空间融为一体。

椿台的家

所在地	秋田县秋田市
家人构成	夫妇+1个孩子
构造	木质平房（无防火限制）
用地面积	431.24 ㎡
建筑面积	158.44 ㎡
总建筑面积	141.63 ㎡（住宅113.13 ㎡，车库28.50 m^2）
竣工时间	2016年5月
设计施工	MOLX建筑社
隔热、密封性能	U_A值为0.31 W/（m^2·K） Q值为0.93 W/（m^2·K） C值为0.3 cm^2/ m^2
房顶隔热	高性能玻璃棉16 K360 mm
外墙隔热	高性能玻璃棉16 K330 mm
基础隔热	含防蚁剂串珠法聚苯乙烯泡沫200 mm（竖起向上） 同50 mm（板岩下）
窗户	木质框单扇推拉窗+三层低辐射玻璃（南面） 树脂框+双层低辐射玻璃（其他）
玄关门	铝制隔热门
换气设备	全热交换中央新风系统（热交换率85%）
冷暖气设备	空调、暖气片、温水板岩供暖
其他设备	环保热水器

起居室宽敞暖和，全家人都能围在一起

上图：从厨房看起居室和餐厅。刨花水泥板铺设的天花板和土间的混凝土地板等石质室内装饰，与无节西方红雪松的墙壁和家具的实木材质等温暖的材料绝妙地融合在一起。

下图：从窗户一侧看起居室。正面的墙壁在北侧，窗户很小。正面中央是玄关。

用地位于日本秋田市的内陆地区，夏天不会出现特别热的情况，比较凉爽；严冬期（1月左右）的平均气温都在0 ℃以下，气温条件恶劣。另外，夏天的晴天多，冬天因易有积云，积雪量较大，是日本海一侧内陆地区特有的气候。所以设计师设计了无积雪屋顶，U_A值 为0.31 W/（m^2·K），Q值 为0.93 W/（m^2·K），住宅的隔热、密封性能极高。

（MOLX建筑社）

将混凝土和泥土等蓄热材料用在住宅中，使室内的温度稳定，降低室内空间受外部温度变化的影响，打造让人心情愉悦的舒适空间。

在这个住宅里，起居室地板是120 mm厚的上墨混凝土，在与整个基础的150 mm厚板岩间有329 mm的空间，里面填满碎石，做出了一个总共约600 mm厚的较厚蓄热层。

来自南面大窗户的日照热量以及暖气片等的热量先被蓄热层吸收，再被缓缓释放到室内，空间能持续保持令人心情舒畅的室温。

（MOLX建筑社）

\好住法则/

62

绿色环保住宅

积聚热能以创造舒适的室内空间

餐厅和厨房。通过日照采光直接蓄热的地板成了小猫的住所。

从起居室看南面的窗户方向。从沙发处看到的庭院很美。最左边的门里面是鞋柜兼后门，旁边的门里面是食品储藏室。

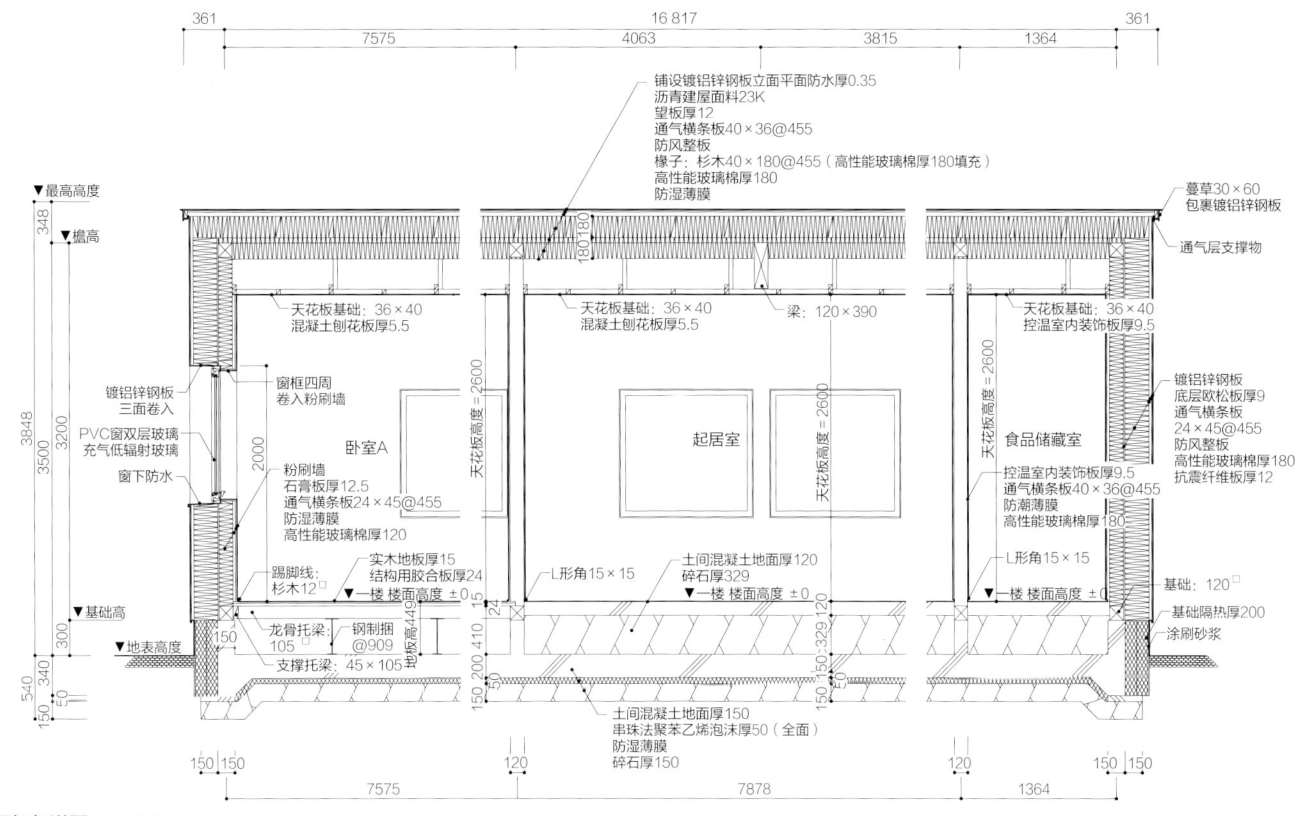

剖面细部详图　1：80

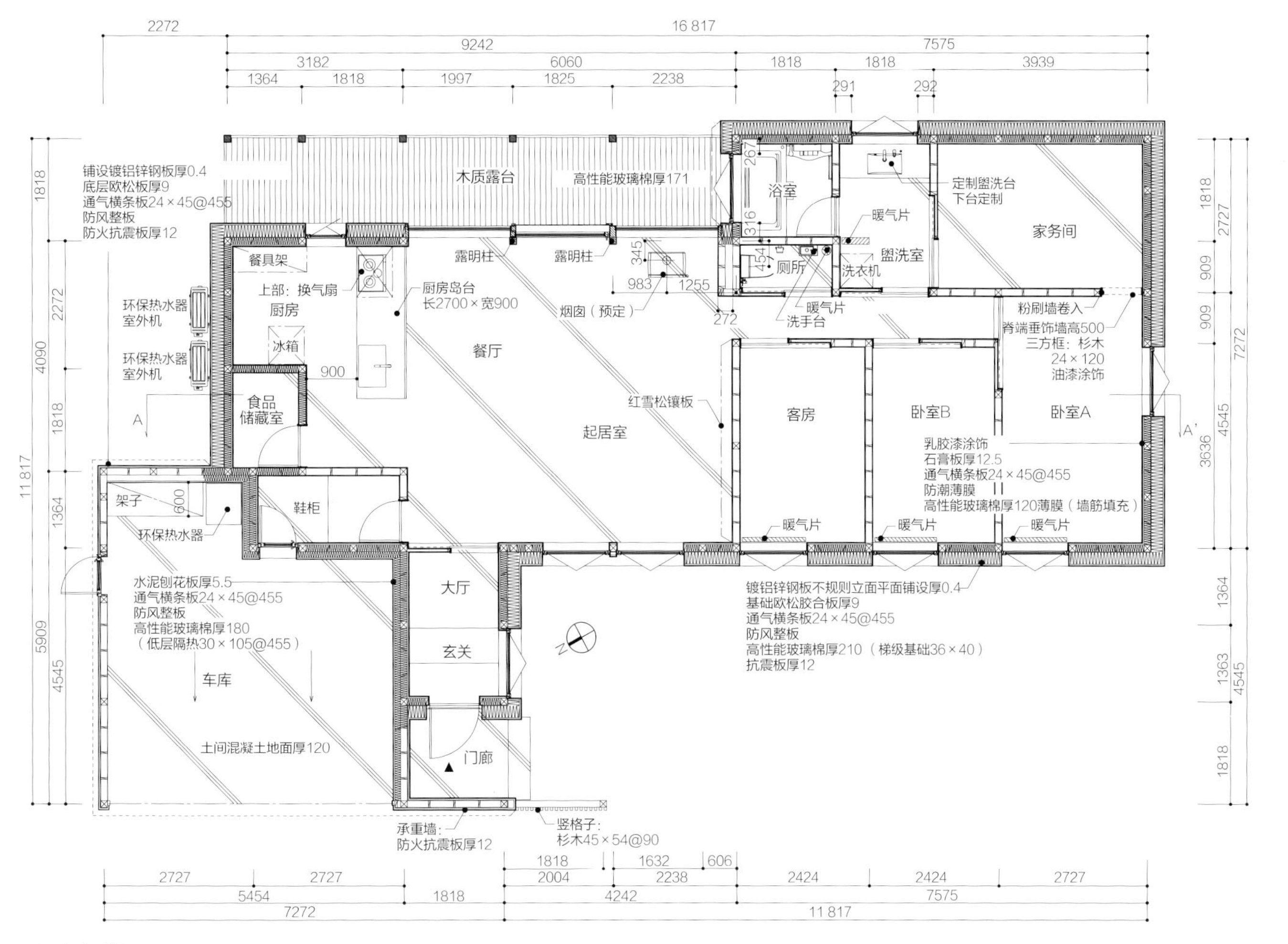

平面细部详图　1：120

平时可以当作玄关使用的鞋柜。墙壁上是热交换换气设备。

\好住法则/

63

绿色环保住宅

要想消除不快就去丰富生活

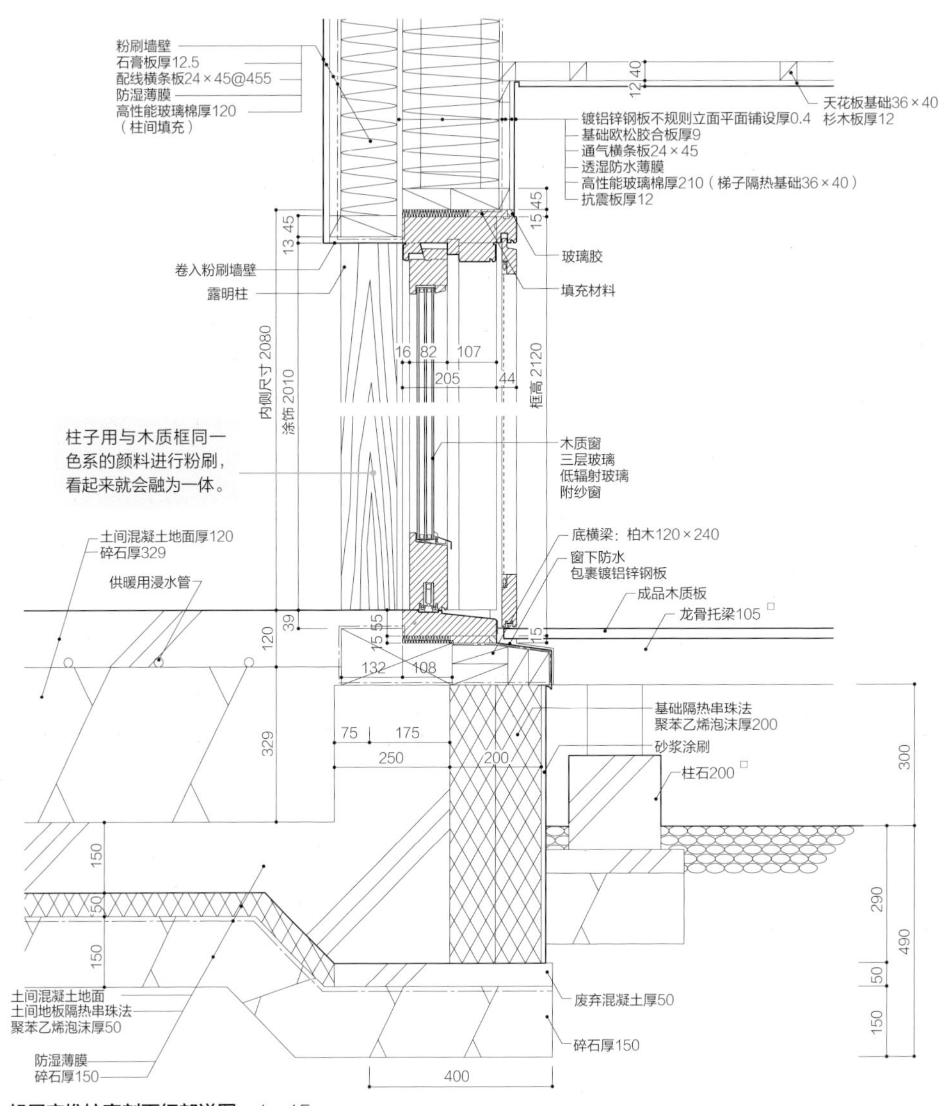

起居室推拉窗剖面细部详图 1：15

这是北海道大学名誉教授荒古先生的话。这里的“不快”指热和冷，通过丰富生活来将这些消除。

在冬天很冷的秋田县，提高住宅的隔热性能很重要。特别是提高面积大的墙壁、房顶的基础隔热性能，可以让房间变得凉快、暖和、舒适。这个住宅最初也打算在墙壁上使用16 K、200 mm厚的高性能玻璃棉，但最终按照户主的要求，变更为300 mm厚。仅仅厚了100 mm，墙壁的温度就上升了好几度。随着热辐射的变化，体感的温度也发生了变化。

随着大面积墙壁隔热性能的提高，整个房子的隔热性能也提高了，因此就算没有冷暖气设备，室内温度也不会过高或过低，整个房间的温差变小了，户主的心情也就变好了。适当的室内恒温环境提高了生活的品质，室内生活也能变得更丰富。

（MOLX建筑社）

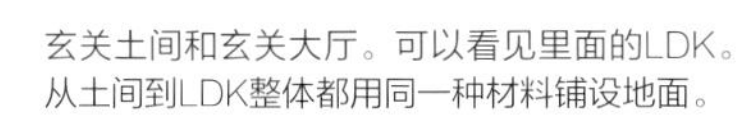

玄关土间和玄关大厅。可以看见里面的LDK。
从土间到LDK整体都用同一种材料铺设地面。

从玄关大厅看土间和门廊。由于舍弃了鞋柜，给人一种清爽整洁的印象。玄关门是表面涂了特殊涂料的铝隔热门。

温暖的土间混凝土地板让家庭生活变得活跃

定制厨房。表面材料使用的是栎木薄镶板。

在厨房附近设置的食品储藏室。

台面最上面涂着防弯曲、防断裂的泥瓦材料。

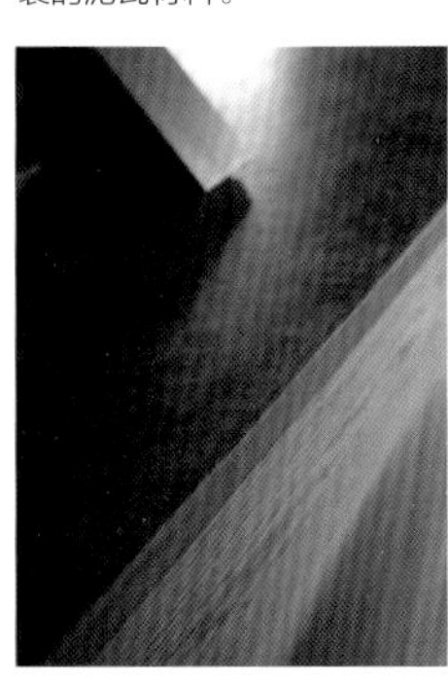

\好住法则/

64

绿色环保住宅

采纳研究者想法建成的家

本案例是建于岩手县北上市郊外的四人住宅。户主就是木香之家的设计师白鸟显志。

白鸟从20多年前就开始设计高隔热、高密封性的住宅，是这一领域的专家。虽然他一直都在考虑搬出租住的房子，建一座自己的新家，但时机总是不合适，只好作罢。数年前，他偶然间在房屋中介看见了既便宜，位置又好的用地，当机立断就购入了，准备修建一个属于自己的新家。

住宅的设计由镰田纪彦（室兰工业大学名誉教授）协助。白鸟在建自己住宅的时候，经常想尝试各种挑战，因此在住宅的性能和设备规划等方面也借鉴了许多镰田最新的研究成果。

建筑物所在的北上市，夏天的夜里基本不会太热，一直都比较凉快；但冬天1月左右的平均气温在0 ℃以下，相当寒冷。梅雨季较长，冬天多云天气较多，也有积雪。耐寒性是首要考虑的因素。

用地的北侧是道路，南侧是没有住宅的大片林区，所以在南侧设计了庭院和大窗户。

（木香之家设计事务所）

北上的家

所在地	岩手县北上市
家人构成	夫妇+2个孩子
构造	木质两层建筑（无防火限制）
用地面积	2216 m^2
建筑面积	147.19 m^2
总建筑面积	246.4 m^2（一楼135.34 m^2，二楼86.12 m^2，阁楼 24.94m^2）
竣工时间	2016年9月

设计施工	木香之家设计事务所
隔热、密封性能	U_A值为0.27 W/(m²·K)，Q值为0.715 W/(m²·K)，C值为0.2 cm²/(m²)
外墙隔热	高性能玻璃棉16 K、305 mm
基础隔热	含防蚁剂串珠法聚苯乙烯泡沫200 mm(竖起向上) 含防蚁剂串珠法聚苯乙烯泡沫100 mm(板岩向下)
窗户	木质框单扇推拉窗(ARS)+含氩气三层低辐玻璃(南面) 树脂框(各公司)+含氩气三层低辐玻璃(其他)
天花板隔热	高性能玻璃棉16 K、480 mm
玄关门	木质玄关门(防犯罪玻璃)
换气设备	松下制热交换换气系统(热交换率85%)
冷暖气设备	暖气片、空调、空气集热式被动式太阳能系统(微风)
其他设备	太阳能发电系统+太阳能辅助集热(绿色环保技术房顶) 太阳能温水系统 地源热泵

从起居室看餐厅和厨房。这是比较大的LDK，室内暖和，温差小。窗户是单扇推拉窗和木质框与含氩气的三层低辐射玻璃。厨房一侧的窗户也在树脂框内安装同样的玻璃。

从餐厅看起居室。地板是英国栎木实木板，墙壁是硅藻泥，天花板铺着刷漆墙纸，厨房的面材是老松木。

在宽敞的起居室里过不使用能源的温暖生活

厨房的地板铺着瓷砖，容易清洁，蓄热效果好。厨房天花板使用的是西部红雪松。

LDK南面窗户的一侧。窗边的地板上有促进热空气流通的百叶窗通风口，天花板上可以看见将一楼温暖空气送到二楼的竹帘板。另外，地板的一部分铺着瓷砖，促进蓄热。

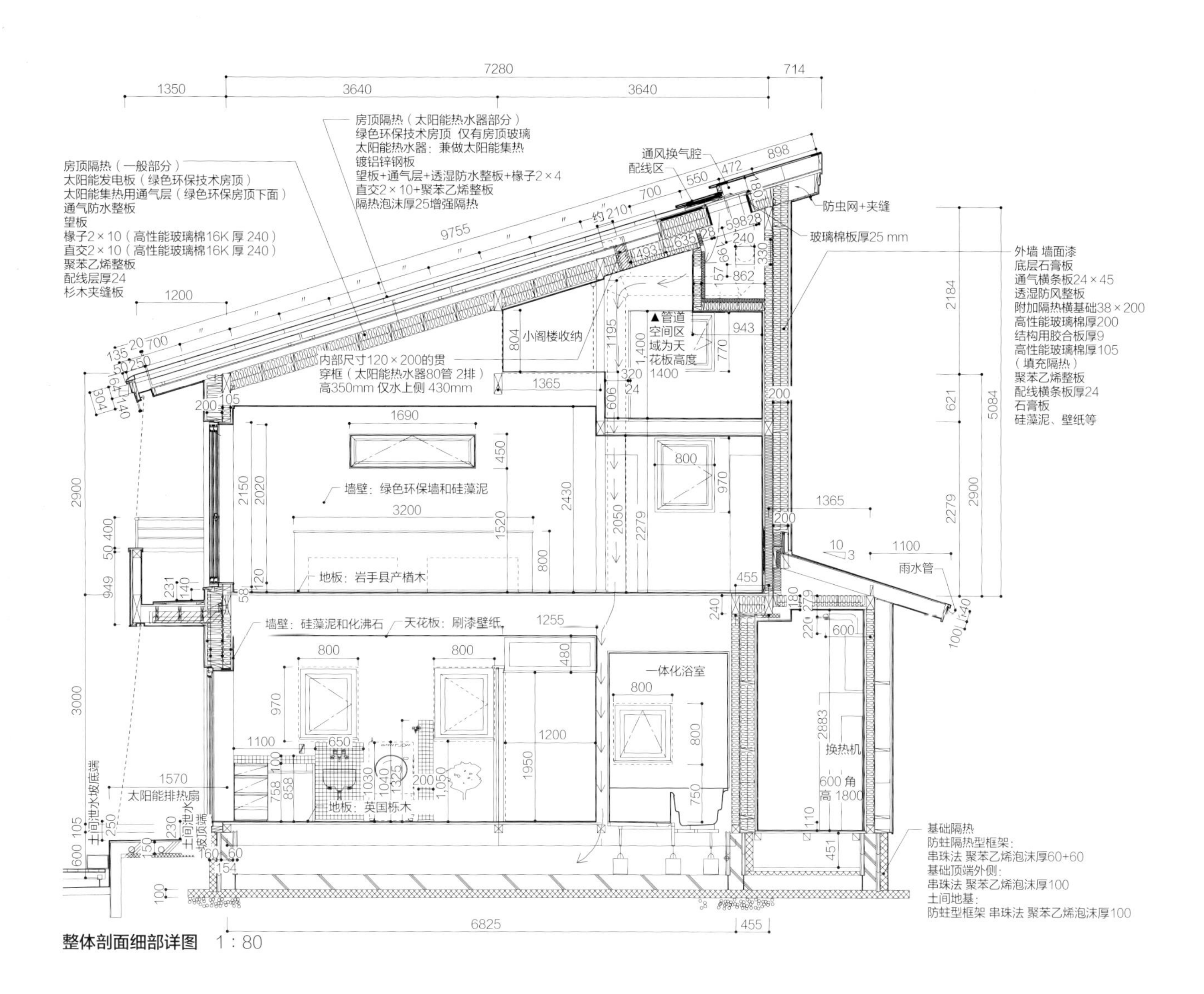

整体剖面细部详图 1:80

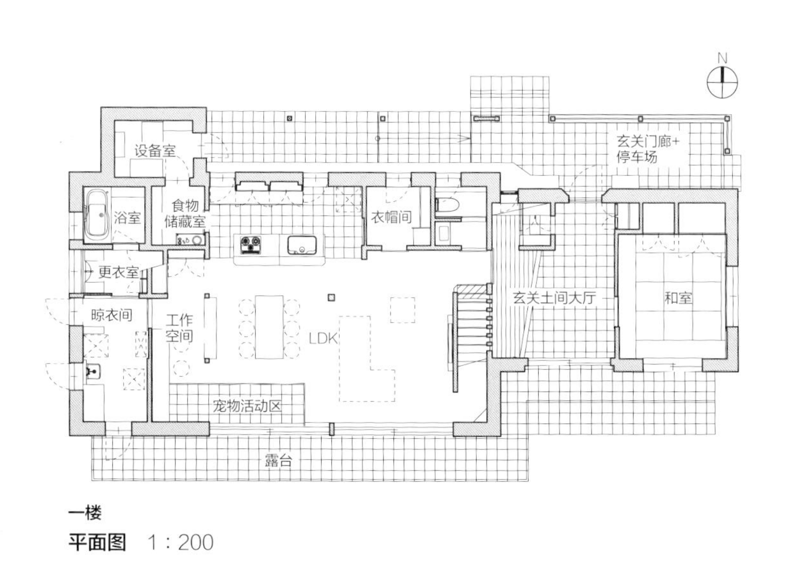

一楼

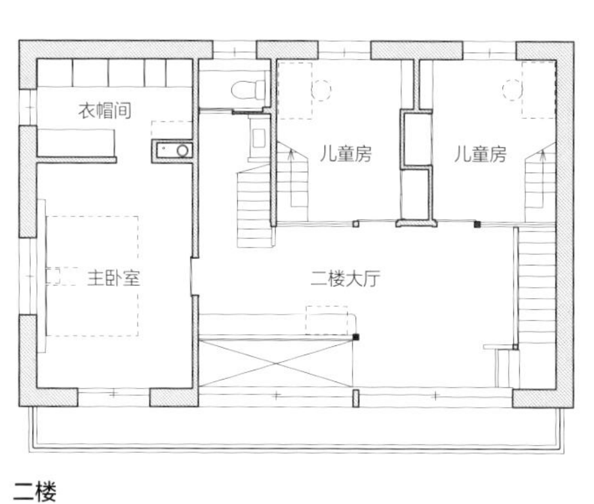

二楼

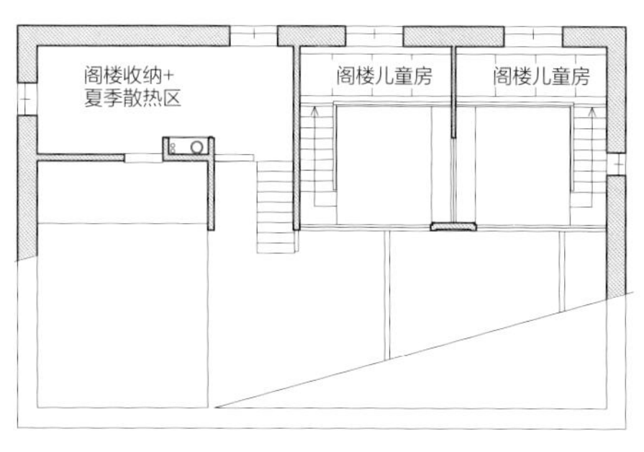

阁楼

平面图 1:200

利用自然的力量让整个家变温暖

多数住宅通过暖气片进行供暖，暖气片利用地热泵作为热源。地热泵，顾名思义是利用地热的水泵，比普通的泵更省电费，但价格依然高达300万日元。本案例获得了环境省的补助金，而且补助金几乎全额支付购入设备。

在这样的住宅里还安装了太阳能发电设备。通过提高太阳能板内侧温度，在不漏气的构造内进行太阳能集热，通过在地板下收集蓄热的方式让整个家温度提高。但实际上因为冬天寒冷，风力强，太阳能设备基本上无法工作。且集热专用板也只规划了一台，集热量很少。

平剖面（露明木材）

窗户的竖框内设置的2个压杆，是附加隔热基础的固定材料。

将直径为35mm的拉杆压至宽33mm的空隙，便于施工。

33 mm最佳

拉杆圆木（直径）35

露明木材103×厚21~24

木基础（固定片）

镀铝锌钢板防水

设置露明木材的时候有1个基础就可以。

露明框材料打上木钉孔，用不锈钢螺丝固定。

窗上的排水迂回金属板在外墙基础材料上稍微往外伸出。

窗框上部纵剖面（板壁异形建筑材料）

水的迂回用隔水框W+300

以防万一的雨水通道

本体外墙用通气横条板

阳角用通气横条板基础

窗框下部纵剖面（板壁异形建筑材料）

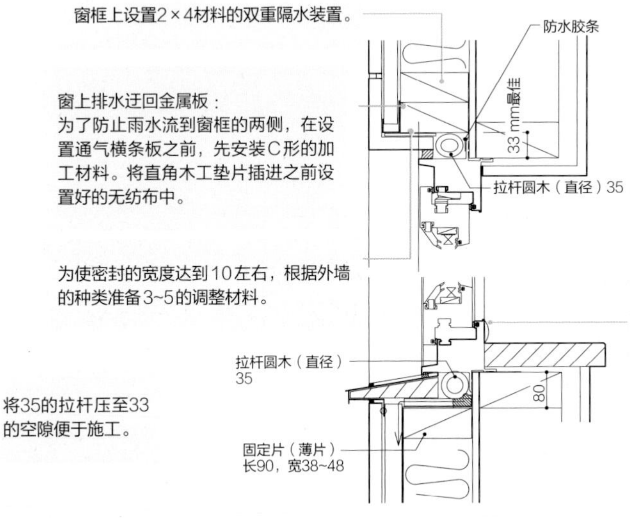

纱窗是横着拉的，因此窗框台面会下降。

平剖面（板壁异形建筑材料）

窗户的竖框墙筋处设置2个压杆。附加隔热基础的固定材料。

除了阳角外墙基础外，还需要外墙本体加固。

将35的拉杆压至33的空隙便于施工。

33 mm最佳

这里也需要基础加固。

拉杆圆木（直径）35

木基础（固定片）

镀铝锌钢板防水

窗上的排水迂回金属板从阳角基础材料和外墙本体基础材料的中间伸出。

挡风条设置的技巧

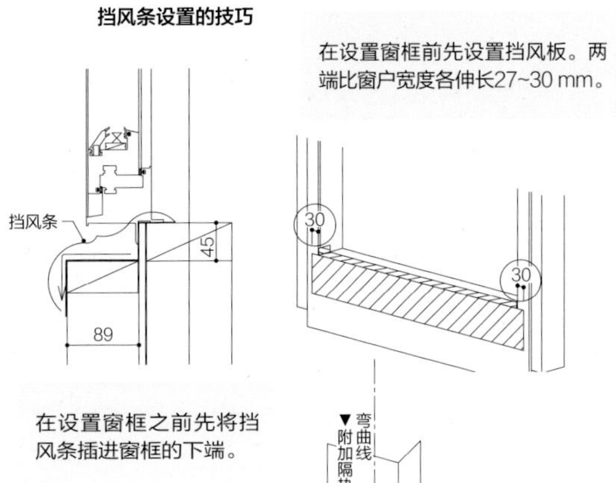

插入直角木工垫片，一面伸长，另一面向上弯曲。

2×4材料（附加隔热）

30

30

2×4材料（附加隔热）

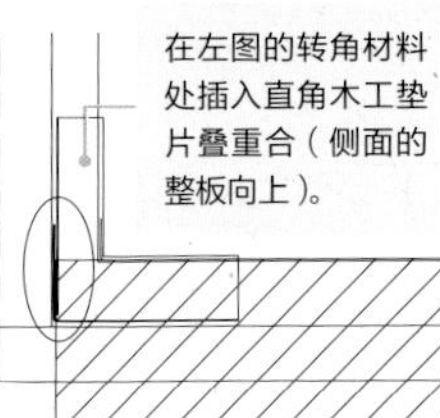

板壁异形建筑材料

水平使用阳角异形建筑材料

长尺阳角异形建筑材料

长尺阳角异形建筑材料

90

90

斜线部分为密封施工范围

基础放水框底部 宽+50~60
固定片（薄片）长120，宽9~27

附加隔热框剖面图 1：10

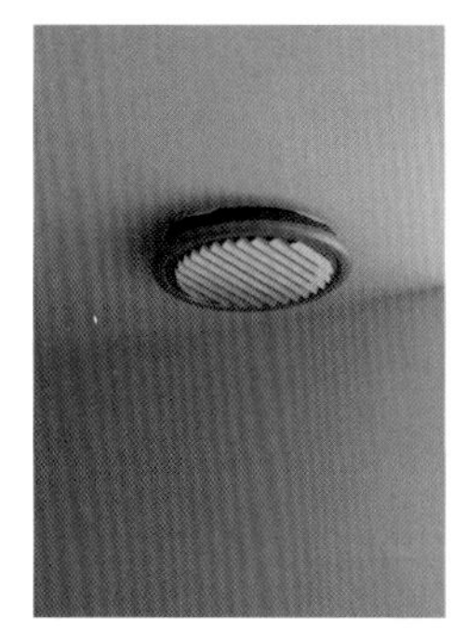

阁楼天花板上的出风口将室内空气送往地板下蓄热体。储存在地板下蓄热体的热量和室内的空气循环，以便夜间使用。

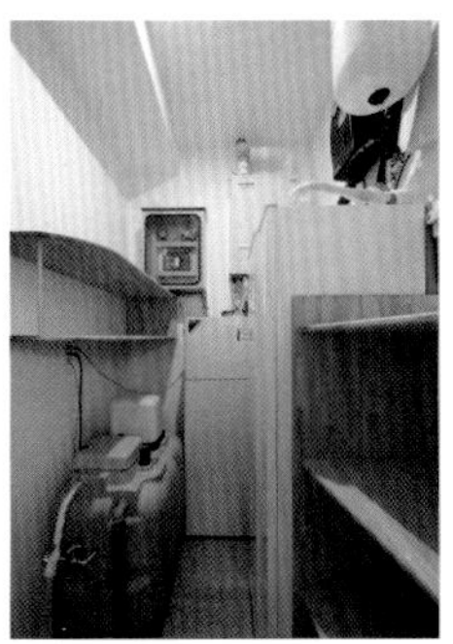

一楼后院里安装的设备。左边是水箱和泵，中间里面是地热泵，左上的测定器是用来测定记录热变化的装置，右边白色的箱子是太阳能热水器水箱。

与此相比，南面大窗户的日照获取量对减少暖气负荷做出了很大贡献。即使在太阳高度稍高，日照获取量少的时候（晚春、初夏），太阳能集热依然还能发挥效用。

（木香之家设计事务所）

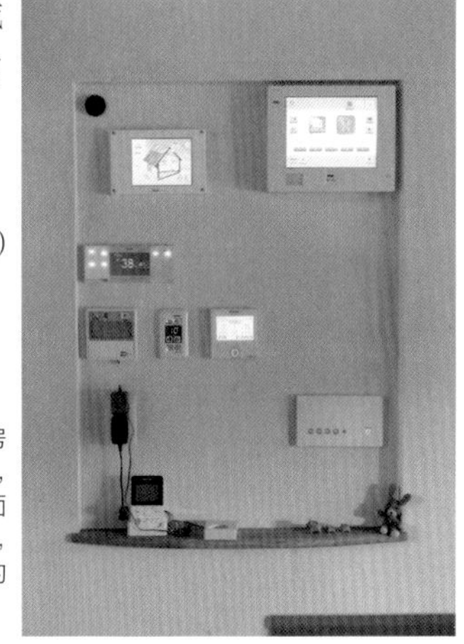

厨房一侧的控制板。左上是房顶的空气集热式太阳能系统，下面是太阳能热水器，再下面从左到右依次是温水控制板，地暖热水控制板和热交换机的控制面板。

LDK的墙壁上是遮挡空调的百叶窗。

好住法则

66

绿色环保住宅

建一个不干燥的家

洗涤和晾晒用的设备间。室内晾晒对整个住宅的湿度调整也起到了作用。

在冬季空气干燥的地区，如果什么都不考虑就设计住宅的话，基本上冬天室内空气会很干燥。温度低的空气水蒸气含量少，特别是高隔热住宅，室温上升的同时水蒸气含量却没有变化，结果就会导致相对的湿度下降。在以高隔热住宅作为一般住宅的日本东北地区，“室内过于干燥”成为了最大的问题。

木香之家设计事务所对此问题进行了关注，致力于建造“干燥感少的家”。解决问题的核心是：引进全热交换型换气系统，这样就可以把浴室的水蒸气释放到室内。

所谓的全热交换型换气系统是将室内的温热水蒸气回收，再释放到干燥空间中去，这在一定程度上可以解决室内空气湿度低的问题。室内水蒸气最多的地方是浴室，并不是将浴室内的水蒸气直接释放到室外空气当中，而是将其放入室内。只要将门打开就可以了，在木香之家设计的住宅里，打开更衣室的门，水蒸气就会被直接释放到走廊。如果是最新的整体浴室，就算不开换气扇，浴室的墙面上也不会生霉。

盥洗室、更衣室和浴室。使用浴室后像图片中那样将门打开，水蒸气就会在室内扩散。盥洗室和更衣室上方的墙被拆掉了。

想过舒适的生活，就要在设备和建筑设计上下功夫

提高窗户隔热性能的蜂窝恒温幕布。考虑到一楼的起居室等地方不想让人看见，采用了左边的遮光型。

二楼阳台设置的遮光幕布。为了遮挡夏日的光照而设置，不过今年的夏天不怎么热，基本上没有使用过。

循环型换气扇。通过换气扇内的5层过滤器将空气中的污染物等过滤后，再放回室内，此过程水蒸气流失少，可以防止室内过于干燥。

最近安装木柴火炉的住宅也在不断增加。木柴燃烧时，吸收室内空气中的氧气，燃烧后产生的二氧化碳又携带部分水蒸气一起被排出屋内，因此房间里更容易干燥。为此，在给木柴火炉设置外气导入管的基础上，用全热交换型换气系统和开放式浴室，再加上可以回收烹饪时产生的水蒸气的IH电磁炉和循环型换气扇，基本上就可以解决室内干燥问题了。

（木香之家设计事务所）

从二楼大厅看儿童房。腰墙的上部是玻璃，这样南侧大厅的光就可以照到北侧的儿童房了。窗户下面是镶嵌版加热器。

二楼大厅。设置了一个多功能的长桌。夏天温暖的空气进入到二楼以后，通过天花板进入阁楼的收纳空间，再从排热窗释放出去。

从起居室看餐厅和厨房。南面是大大的窗户，窗外是露台。厨房桌子的侧面是柴锅。墙壁的里层是土墙，在稳定温度与湿度方面也起到了作用。

\好住法则/

67

绿色环保住宅

与日本的被动房第一人合作设计

这是一座建于爱媛县松山市松前镇的住宅，居住着一家五口，三世同堂。户主是建筑工作室Pure的高冈文纪，这是他自己的新家。

高冈在约26年前在松山市街修建了自己的住宅，当时还不知道高隔热、高密封性住宅的存在，修建了最普通的木质住宅。之后，因为开始接触高隔热、高密封性的住宅，自己也想要住这样的房子。他一直苦恼到底是重新修建一座房子，还是重新装修增加隔热功能。因为高冈一直梦想着住在自然环境优美的郊外，所以决定买入新的土地，建造新的家。

从设计企划的层面来看，高冈想进行新的尝试和挑战，于是拜托了“日本被动房第一人”，K-artkey建筑的森美轮先生，由他来负责基础设计和供暖设备设计，高冈则负责装饰材料的选定和使用等。

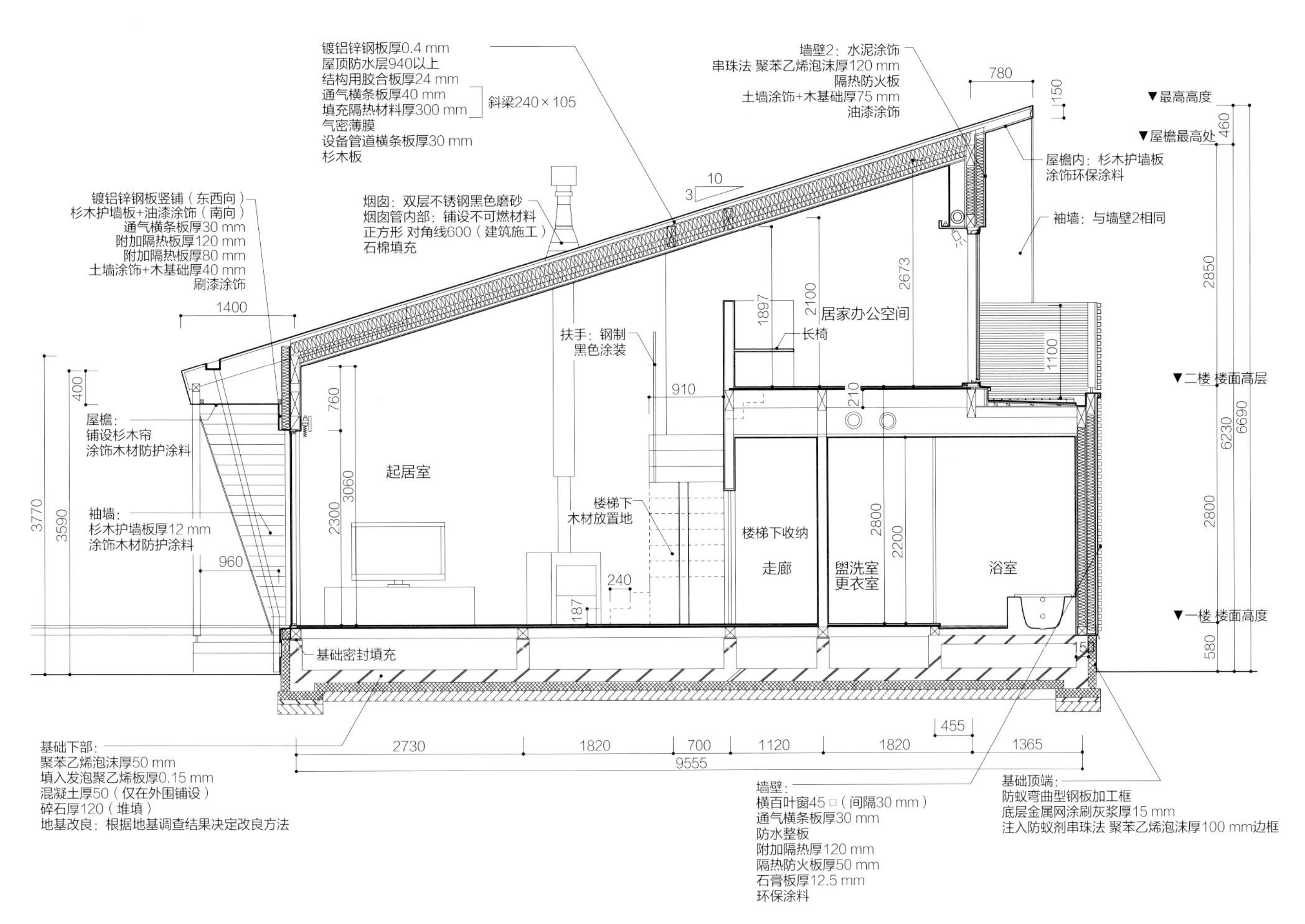

剖面图 1：80

大间的家

所在地	爱媛县松山市	天花板隔热	高性能石棉40K、300 mm
家人构成	祖父母+夫妻二人+一个孩子	外墙隔热	防火隔热板200 mm(东西南面)
构造	两层木质建筑(无防火限制)		防火隔热板80 mm+串珠法 聚苯乙烯泡沫120 mm(北面)
用地面积	462.60 m^2	基础隔热	注入防蚁剂 串珠法 聚苯乙烯泡沫120 mm(端部)
建筑面积	121.73 m^2		注入防蚁剂 串珠法 聚苯乙烯泡沫50 mm(底部)
总建筑面积	173.48 m^2(一楼121.73 m^2，二楼51.75 m^2)	窗户	木质铝合金窗框+双层低辐射玻璃
竣工时间	2016年10月	玄关门	木质铝合金窗框+双层低辐射玻璃
设计	K-artkey建筑和建筑师工作室Pure	换气设备	显热型热交换换气系统(热交换率93%)
施工	建筑师工作室Pure	冷暖气设备	空调、暖气片
隔热、密封性能	U_A值为0.258 W/(m^2·K) Q值为1.08 W/(m^2·K) C值为0.2 cm^2/m^2	其他设备	太阳能发电、柴锅、燃气热水器、太阳能热水器

在松山市，夏天30℃以上的时间很多，夜间也有连续很多天高于25℃的时候。冬季晴朗的天气多，夜里也几乎没有0℃以下的时候，基本都是平均气温在6℃左右的天气。在完美应对夏天酷暑的同时，还要兼顾冬季的隔热和供暖设计。因此设计了和被动房相似的有隔热功能的住宅。

由于南侧被田地包围，没有住宅，在这里设计了起居室、连廊和推拉门，在庭院里种了植物，做了一个将周围的自然景观纳入到住宅内的设计。

关于冷暖气，除了空调，还安装了通过太阳能集热板和柴锅提高室内温度的地暖，以及墙壁供暖等。建筑外部采用土墙的设计，也能够提高建筑的蓄热性。

（建筑师工作室Pure）

厨房一侧的窗户是内置百叶窗的，使用含氩气三层低辐射玻璃和木质铝合金窗框。

\好住法则/

68

绿色环保住宅

想在西日本使用遮阳型窗玻璃

从起居室看露台。大窗户是固定窗和单扇推拉门的组合，使用的也是含氩气三层低辐射玻璃和木质铝合金窗框。

玄关大厅和楼梯。将起居室和玄关隔开的隔板比墙壁低，促进了空气的循环，表面涂着黑色的漆。

玄关土间地面和门廊。玄关的外面设计了遮挡视线的百叶窗。玄关门是木质铝合金玻璃单扇推拉门。

虽说冬天也非常寒冷，但消除夏季的炎热才是西日本住宅调控室内温度设计上的核心问题。

这里的住宅都使用日照遮蔽型的低辐射玻璃，在尽量避免夏天阳光进入室内的同时，还在南面和东、西面设置了足够长的房檐及外置百叶窗等物理性遮蔽物进行遮蔽。

此外，这个住宅的太阳能集热板被设置在庭院里，由于夏天会集热过多，所以采用了通过改变集热板的角度可以减少集热量的设备。

（建筑师工作室Pure）

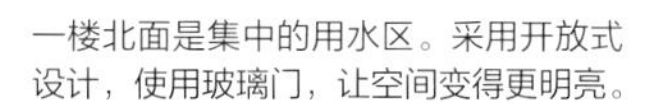

一楼北面是集中的用水区。采用开放式设计，使用玻璃门，让空间变得更明亮。

用水区出入口的门表面铺设着杉木直纹集成材，上面设置了通风用的百叶窗。

二楼大厅有一个定制的盥洗台和桌子。左侧是挑空，将LDK的氛围延伸到二楼。里面的房间是儿童房。

好住法则

69

绿色环保住宅

西日本才更需要绿色环保住宅

近年来，绿色环保住宅一直是热门话题，但四国及西日本地区并没有将优于节能标准住宅的绿色环保住宅作为主流。高冈认为这种高性能的绿色环保住宅应该在全日本推广。

节能标准住宅比传统木质住宅性能高，但冬季供暖时室内的体感温度没有达到预期是其主要局限。如果是外部墙壁少、面积小的钢筋混凝土结构的公寓，那么住户会感觉更冷，且满意度也不高。高冈先生认为如果让住在西日本公寓的人感觉到暖和，在冬天不开暖气室内温度也能维持在15℃左右，那么Q值不应该超过1 W/（m^2・K），U_A值应该在0.3 W/（m^2・K）以下。也就是说节能标准住宅[Q值为2.7 W/（m^2・K），U_A值为0.87 W/（m^2・K）]不达标。

爱媛县与其他县相比，居民冬季患高血压的比例高。隔热性能高的绿色环保住宅成为该地区急需性的住宅。

（建筑师工作室Pure）

上图：太阳能集热管。百叶窗状的集热部分可以变换角度，以根据季节调节集热量。
下图：二楼的定制桌下设置了地板内置型全屋供给空调。将一楼天花板作为通风空间，向其他房间提供冷暖气。

这种住宅安装了柴锅和太阳能热水器等利用热水提供地暖的设备，再加上空调就基本可以实现整个房子的冷暖气功能。该住宅采用的是地板内置型的全宅供给空调，空调设置在二楼大厅的长凳下，空调的一半被放入地板下。空调的冷热风通过二楼地板下配置的通风管，从设置在各房间的百叶窗向室内送风。

这个住宅具备被动房级别的隔热性能，而且是隔挡少、拥有挑空的开放式设计，像这样简单的空调就能均衡调节家中的温度。若在布局稍微复杂的住宅里，若只通过自然对流的话，很容易产生温度不均的现象，这种情况推荐使用上图中的换气系统和舒适型空调。

在高性能绿色环保住宅里温度不均的范围基本都会在1~2℃，时间久了，感受到微妙的温度差，有时会影响心情。因此通过在设备和建筑上下功夫，消除温度差就变得越来越重要。

（建筑师工作室Pure）

\好住法则/

70

绿色环保住宅

消除温差，心情舒畅地生活

火炉不用电和燃气，而且还能提供暖气和洗浴热水。

储存热水的水箱。将太阳能和柴锅加热的温水储存起来。

\好住法则/

71

绿色环保住宅

四季如春的木质零能源住宅空间

据说O女士的家人选择Eco Works公司来建造住宅是因为O女士和她女儿都非常喜欢木结构的房屋。在看样板房的时候，这种让人心情舒畅的木头香气一直留在她们的记忆里，尤其是大部分时间都待在家里的O女士，她很希望能在这种木材的香气中度过每一天。

O女士一家从Eco Works公司了解到零能源住宅这个概念是在签约之后，主要是在是否安装太阳能充电板这点上，在听了我们对照明及燃气等费用的核算以及看到了其他住户家的实际使用效果后，便对零能源住宅产生了兴趣。于是O女士一家决定采用零能源住宅理念建造理想的木质住宅。让我们来听听O女士居住了一年后的感想："最令人感动的地方就是即使在严冬，脚下也不觉得冷，这是一种从未体验过的舒适环境。"O女士还说，"还有一点令人很高兴，就是早上一睁开眼，就能非常轻松地从被子里出来。"而这种喜悦则源自住宅的隔热性能。虽说是在温暖的九州，但也能满足冬季不同的需求。"之前居住的房屋，同时开着空调和暖炉，脚上也要穿着厚厚的袜子。而今年的冬天，只需要开地板下面的1台空调就足够了，也不用再穿厚厚的袜子了。"

夏天也不用开窗户，房屋彻底阻挡了阳光直射。O女士还说："现在知道打开窗户通风降温……是错误的。以前虽然知道打开窗户会让热空气进来，室内不会变凉快，但还是固执地认为通风是件很重要的事情。"就像Eco Works的说明中描述的那样，冷气设备是24小时工作的。"以前，冷气设备总是一会儿开、一会儿关的，每天下午6点晚饭之前的时间都必须忍耐着，只有在晚上才能打开空调。现在想想看，真是让人难以忍受。而今年，即使24小时都开着空调也毫无压力，因为电费真是低到了让人吃惊的地步。通过这一年对温度、湿度与电费的观察，我感觉这项家居项目很成功。"这里不仅仅是木质住宅，也不仅仅是利用太阳能发电的房子。正是因为有了木质零能源住宅，才让我们的满足感倍增，同时也为我们带来了幸福。

（Eco Works）

起居室的天花板是利用自然干燥材料建的露明梁，做出了像被木头包裹着的空间，木头的香气也弥漫在空气中。楼梯下的百叶窗里收纳着地板下的空调。

好住法则

72

绿色环保住宅

九州的冬天也能温暖度过

2017年1月的一个月内的温度测定结果。供暖设备是1台地板下空调。出入活动频繁的起居室温度保持在20~24℃，北侧的卧室为18~22℃，卧室比起居室温度稍微低一点，刚刚好。更衣室基本没有温差，保持在22~23℃。地板下空调的电费为12 298日元/月，平均397日元/天。

好住法则 73

绿色环保住宅

夏天不开窗也很舒适的空间

南侧的大开口内侧设置了蜂窝恒温百叶窗和拉门，在夏季的白天就算关上推拉门室内也不会暗，而且空间内的光线更加柔和。

夏季（7月）的室内温度和湿度

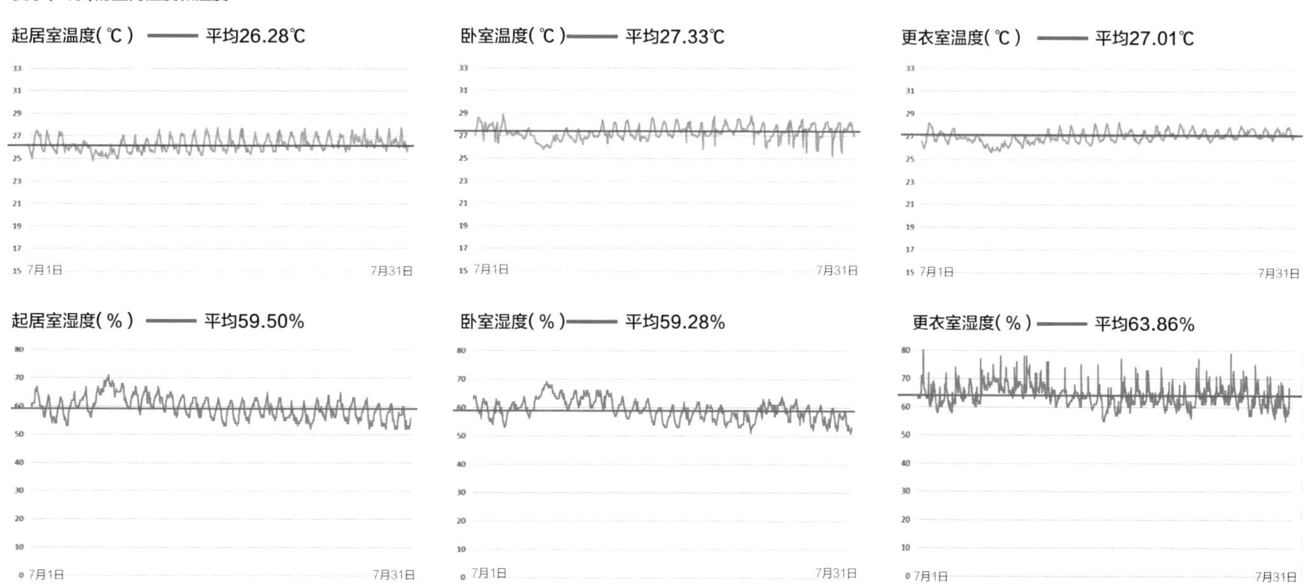

2017年7月的一个月内的温度和湿度测定结果。打开一楼起居室的空调。起居室温度为25~27℃，卧室温度保持在27℃左右。湿度除更衣室外也都保持在60%以下的舒适状态。冷气用空调电费为5602日元/月，平均180日元/天。

*空调电费是通过住宅能源管理系统（HEMS）收集的电量根据九州电力的电费单价算出的，按115.5 ㎡计算，含再生能源税金。

\好住法则/

74

绿色环保住宅

提高性能就能发现需要的窗户

Eco Works在2016年着手零能源住宅的建设时，也将外墙性能的标准提升到了HEAT20 G2等级。虽然截止到2016年，他们一直在进行G2等级的隔热施工，但标准升级后，提升了窗户的规格，因此设计部非常认真地考虑了将来窗户的设计方案。

O宅的用地面积大，与南侧邻居的距离也很远，因此按照O女士的愿望设计了起居室的挑空。为了采光充足，还设计了很大的窗户。在热空气的流通上，预留了通过一楼挑空到二楼的热通道。冬季白天因日照形成的温暖空气上升到二楼，二楼的冷空气沉到一楼。楼梯下是空调的设备间。

起居室以外的窗户以旁边的狭缝窗为主，都设计在不起眼的地方。只有一个例外，那就是东侧客房的窗户。院里是祖辈栽种的松树，对着那棵松树设计了一个大型落地窗。亲戚们相聚的时候，一边望着松树，一边回忆往事。这样考虑的话，这里的窗户就没有不打开的道理了。

（神奈川绿色环保住宅）

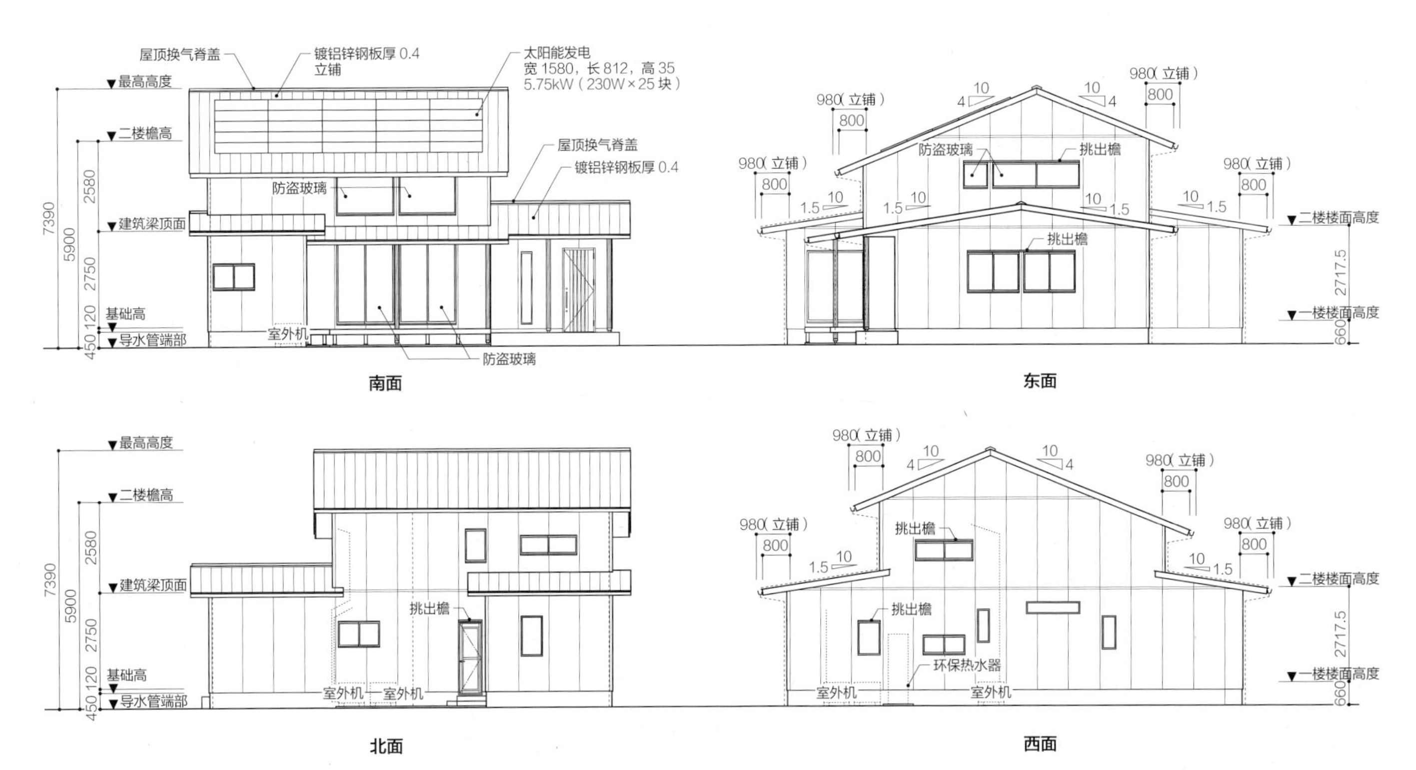

建筑立面图 1：200

左、中 大女儿的房间在东边。与起居室的挑空相连接的室内窗按大女儿的要求进行设计。

右 二楼西北边是大儿子的房间，设置了有榻榻米的高台和2处夹缝窗。

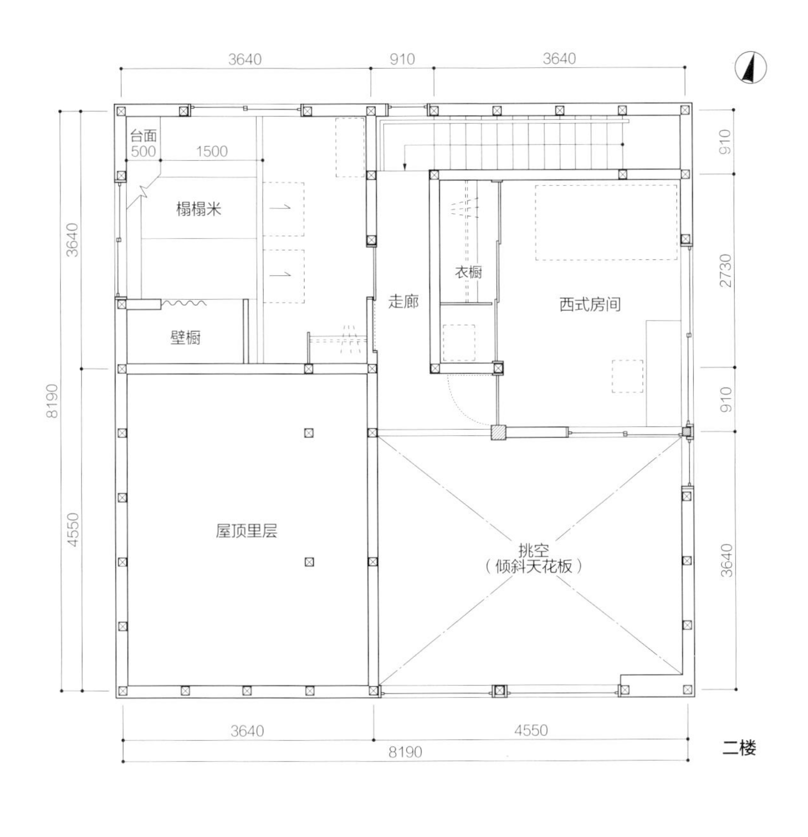

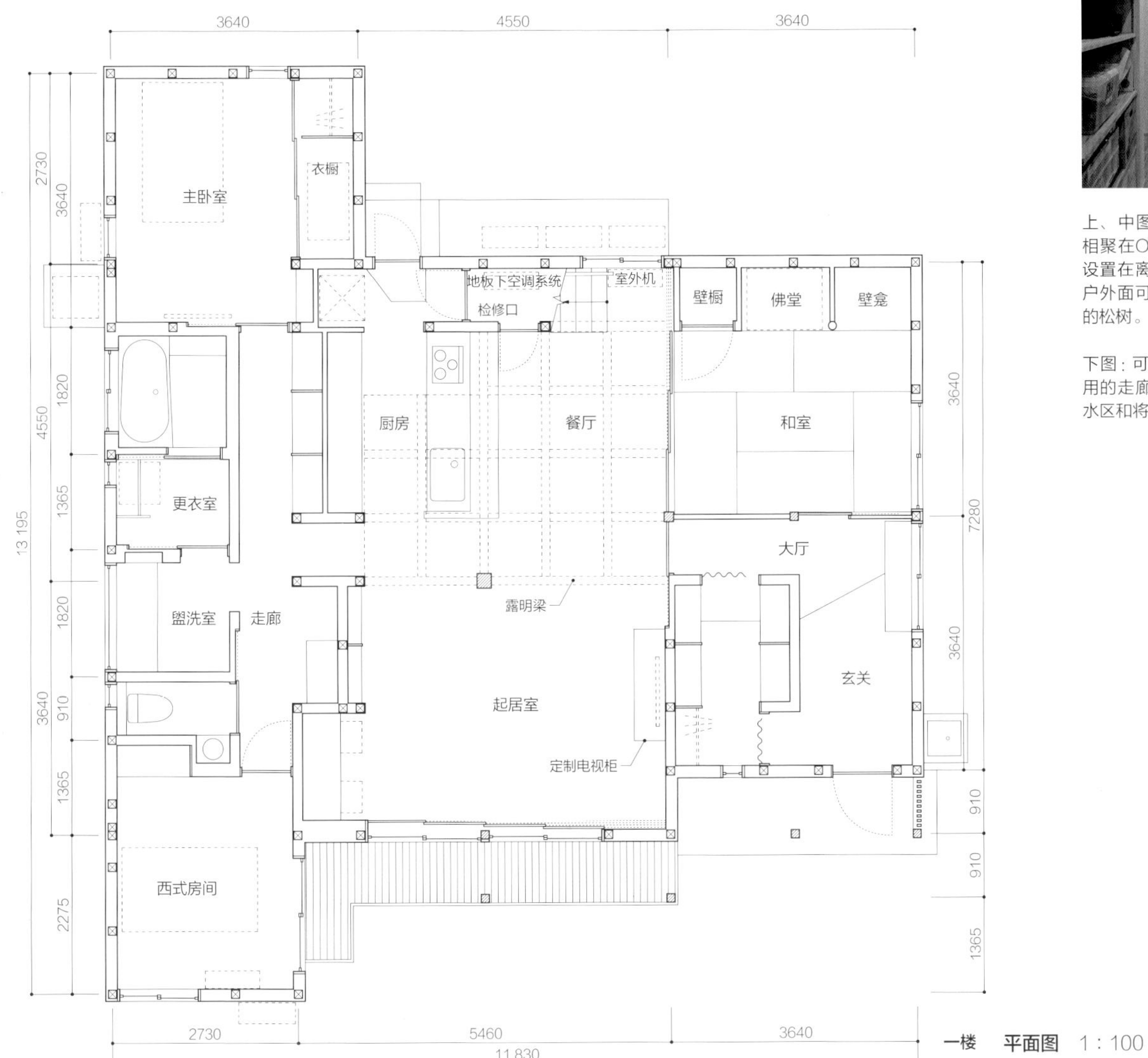

上、中图：亲戚们每年都会相聚在O宅，因此和室客房设置在离玄关近的地方。窗户外面可以看见祖辈留下来的松树。

下图：可以作为收纳空间使用的走廊，连接主卧室、用水区和将来父亲的卧室。

\好住法则/

75

绿色环保住宅

独具匠心的屋顶设计

由于零能源住宅需要借助太阳能发电，相应地，设备所占空间也会变大，因此屋顶的设计就成为重点。庑殿顶和歇山顶等屋顶设计很困难，只能选择双坡屋顶或高低不同的单坡屋顶。

O宅的周围是很古老的住宅区，住宅用地稍微低于路面，因此屋顶的样子需要着重考虑。为了不改变街道的流畅性，准备做一个房子整体限高的设计。包括零能源住宅在内，我们实施了各种各样的方案。

这一住宅的暖气采用了地板下空调的设计，因此通过地梁将地基的尺寸降低了450 mm，减少了地板下的容积，同时也降低了楼梯的高度。另外，平面设计上，一楼作为生活的主要区域按照平房的感觉设计，将建筑整体的重心下移。

但让人苦恼的是二楼的屋顶设计。在面积较小的二楼怎么设计可以承载5 kW太阳能板的房顶面？双坡屋顶要确保面积，就得突出高度，但这样外观会变得不美观。因此，一方面用“人”字形控制柱高，确保南面的面积。另一方面，披屋用约8.53° 倾斜的双坡屋顶，使建筑重心下移，让一楼和二楼屋顶保持平衡，保证建筑物整体的美观性。由此，展现日本郊外住宅美丽外观的零能源住宅就完成了。

（神奈川绿色环保住宅）

南侧玄关。大门前的枫叶很有季节感。

东侧外观。柱子的线条很美，披屋的双坡屋顶和二楼的不规则“人”字形屋顶之间保持着完美的平衡。

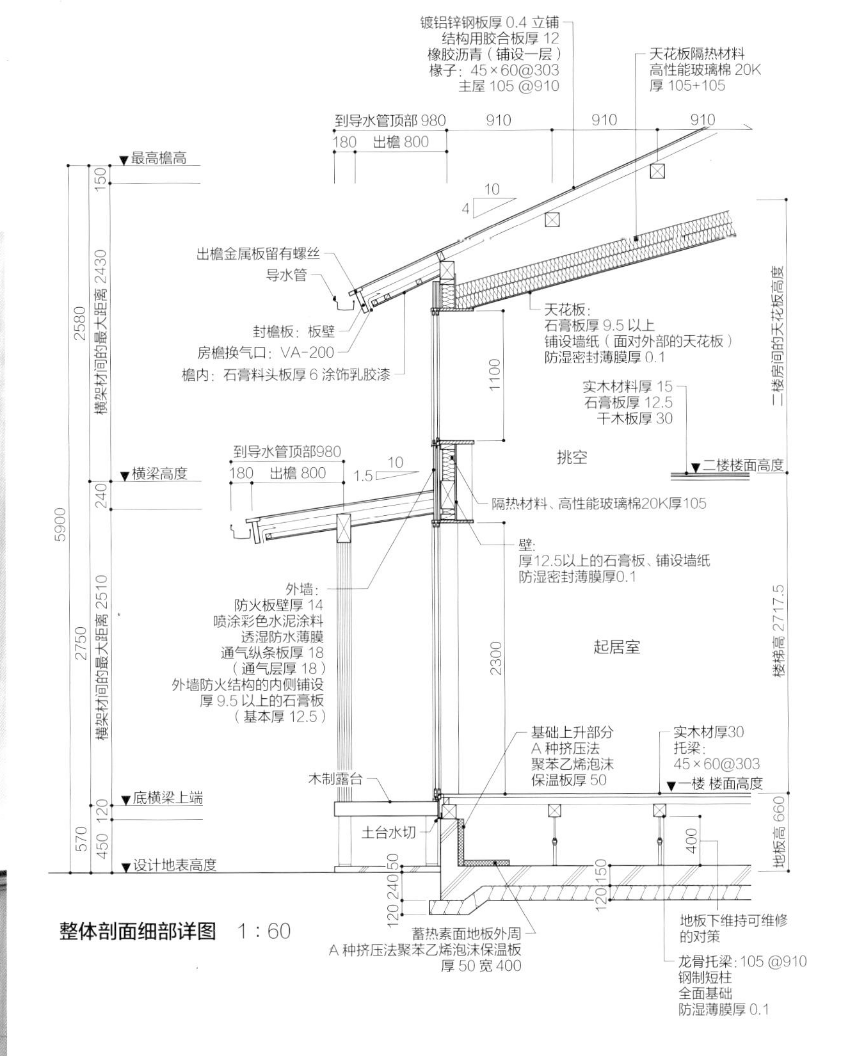

整体剖面细部详图　1：60

和二楼相连的起居室挑空。由于零能源住宅的能源消费量有一定的要求，如果跟主要房间连接的挑空过大，冷暖气能源消耗就会显著变大。因此在设计挑空的时候，应采用提高外皮的隔热性能或者利用被动房设计中的方案，做一个降低冷暖气能量消费量的设计。

佐贺的家

所在地	佐贺县佐贺市
家人构成	夫妇+3个孩子+祖父
构造	木质轴组构法（无防火限制）
用地面积	244.88 m^2
建筑面积	118.00 m^2
总建筑面积	142.84 m^2
竣工时间	2016年10月
设计施工	Eco Works
隔热、密封性能	U_A值为0.41 W/（m^2·K） Q值为1.59 W/（m^2·K） C值为0.93 cm^2/m^2

天花板隔热	高性能玻璃棉20K、105 mm
外墙隔热	高性能玻璃棉20K、105 mm
基础隔热	含防蚁剂串珠法聚苯乙烯泡沫50 mm（竖起向上内铺） 同50 mm（蓄热地板土间地面周边）
窗户	树脂铝复合框+三层玻璃（南面双层低辐射玻璃）
玄关门	智能型
换气设备	土间太阳能换气系统
冷暖气设备	高效率空调（地板下5.6 kW）
热水设备	环保热水器（年保温效率3.3）
其他设备	太阳能发电5.75 kW、屋内集中功率调节器5.5 kW、家庭能源管理系统、LED照明

\好住法则/

76

绿色环保住宅

将空气调整到完美状态的性能设计

安成工务店早在30年前就开始采用太阳能板，并且从很早以前就开始进行以中央空调为前提的被动房设计。上下层是以挑空相连的开放式设计，制造冷热空气的对流。由于重视屋内与屋外的联系，所以大尺寸的窗户是不可或缺的。并考虑将房檐向外延伸的设计。挑空和大的门窗对保持舒适温度来说是不利因素，不过通过提高窗户的性能，将窗户做成高隔热、高密封性的，就能消除对温度的不利影响。

在隔热性能方面，该公司在1994年开发了隔热的人造纤维素工法，现在的屋顶隔热使用的是185 mm厚吹制的55K玻璃棉，墙壁使用的是120 mm厚吹制的55K玻璃棉（若是明墙，则为95 mm），所有的住宅都可以确保U_A值为0.4~0.5 W/（m^2·K）、C值为0.7 cm^2/m^2（定期的实验数值）。人造纤维素有调湿性，因此可以保持室内空气的舒适性，与天然干燥的建材的协调性也很好。

H宅安装了10月开始出售的冷暖气、热水器、换气一体机，还考虑到了空调能源使用的效率化。暖气和以前一样使用太阳能，从地板下送出暖气，使房间从脚下开始变暖。夏天时从上边设置的4个出风口向房间送风，整个房子都凉爽了。在H宅摄影的当天，光照强，气温高，正午时分室外温度有37℃，而室温则只有26℃。

内部装修使用的天然材料也对改善空气的质量有帮助。如果住户没有强烈的意愿，安成工务店在做室内装饰时都会推荐使用硅藻泥。使用硅藻泥的话，日后住户自己也可以进行修补，而且还有很好的调湿除臭功能。通过设计室内的温度和湿度都能调整到最佳状态，再加上木头的香气，整个房间的空气都令人感到舒适、心情愉悦。正是这样的空气，成了安成工务店最大的“卖点”。

（安成工务店）

二楼是儿童房和一体机的设备间。因为降低了楼梯的高度，与其说这里是二楼，不如说它更像是个阁楼。这里通过挑空和厨房旁边的家务室相连，让一楼和二楼的沟通变得更加容易。

H宅南侧外观。为了不让室内完全暴露在外，设置了一面外照壁，并种上了植物。图中的停车场没有用混凝土而是用碎石铺设。在安成工务店的方案中，一定会加入庭院设计。

两层建筑的大屋顶。整个楼梯都降低了高度，房檐伸出1500 mm，房檐的高度只有2750 mm，看起来跟平房一样。

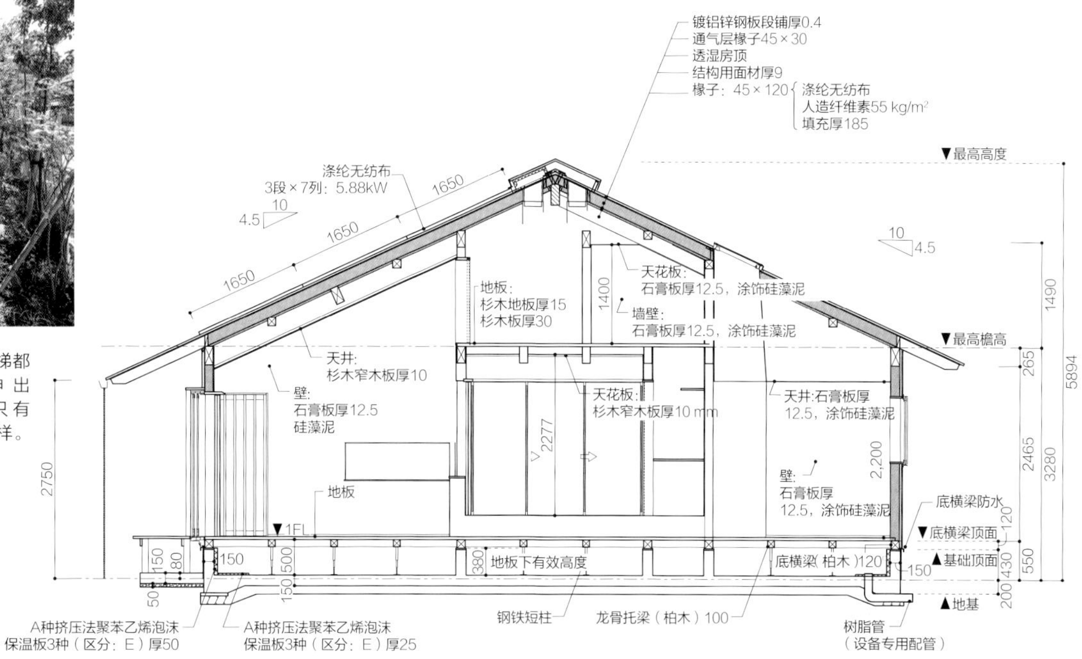

整体剖面细部详图　1：100

厨房的上面是二楼。这是可以看见楼梯的设计，第一层楼梯踏板下面也可以做陈列空间。餐厅的一侧设计了一个很大的固定窗，从家里可以欣赏到窗外的雪景。

\好住法则/

77

绿色环保住宅

让全屋的空气都循环起来

为了增加冬天的采光，二楼设置了高侧窗。这里的高侧窗是内开内倒窗，为了方便开关和打扫，还设置了一个狭窄的通道，通道设计成了百叶窗的样子有助于二楼的光线照射下来。

男主人非常喜欢温暖舒适的环境，“想把在家里的时间变成最好的”。隔热等方面的施工是池田组最擅长的部分，三浦都没有到现场仔细确认就放心地把施工交给了池田组。

冬天，在地板下设置1台4 kW的空调就可以将空气加热，从设计在各房间的出风口将暖风送出。夏天，1台设置在二楼天花板内的空调通过排风扇将冷气送到各屋。挑空的墙壁上设计有去往小阁楼的平台，通过外露的百叶窗板连接，将入口也升华成为设计的一部分。

（池田组+设计岛建筑事务所）

左图：窗边设置了地板下空调的出风口。地板使用的是栎木实木材料，与整个室内装饰相协调。

右图：由于控制了建筑物的高度，二楼像阁楼一样。从二楼可以看见水道塔，还可以观赏信浓川的烟花。

超高隔热既节能又能让人心情愉悦

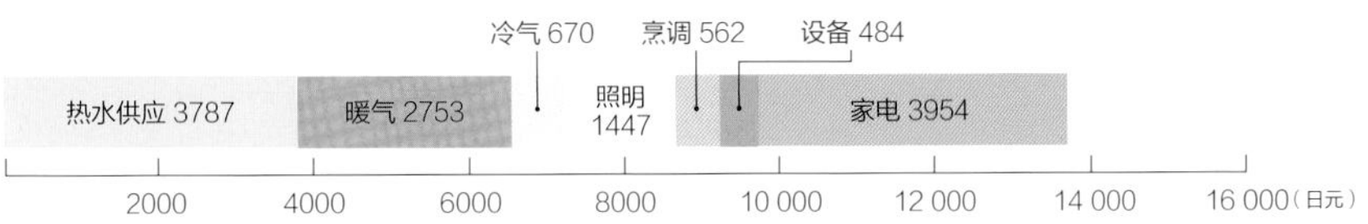

各用途的模拟光热费用（月平均）

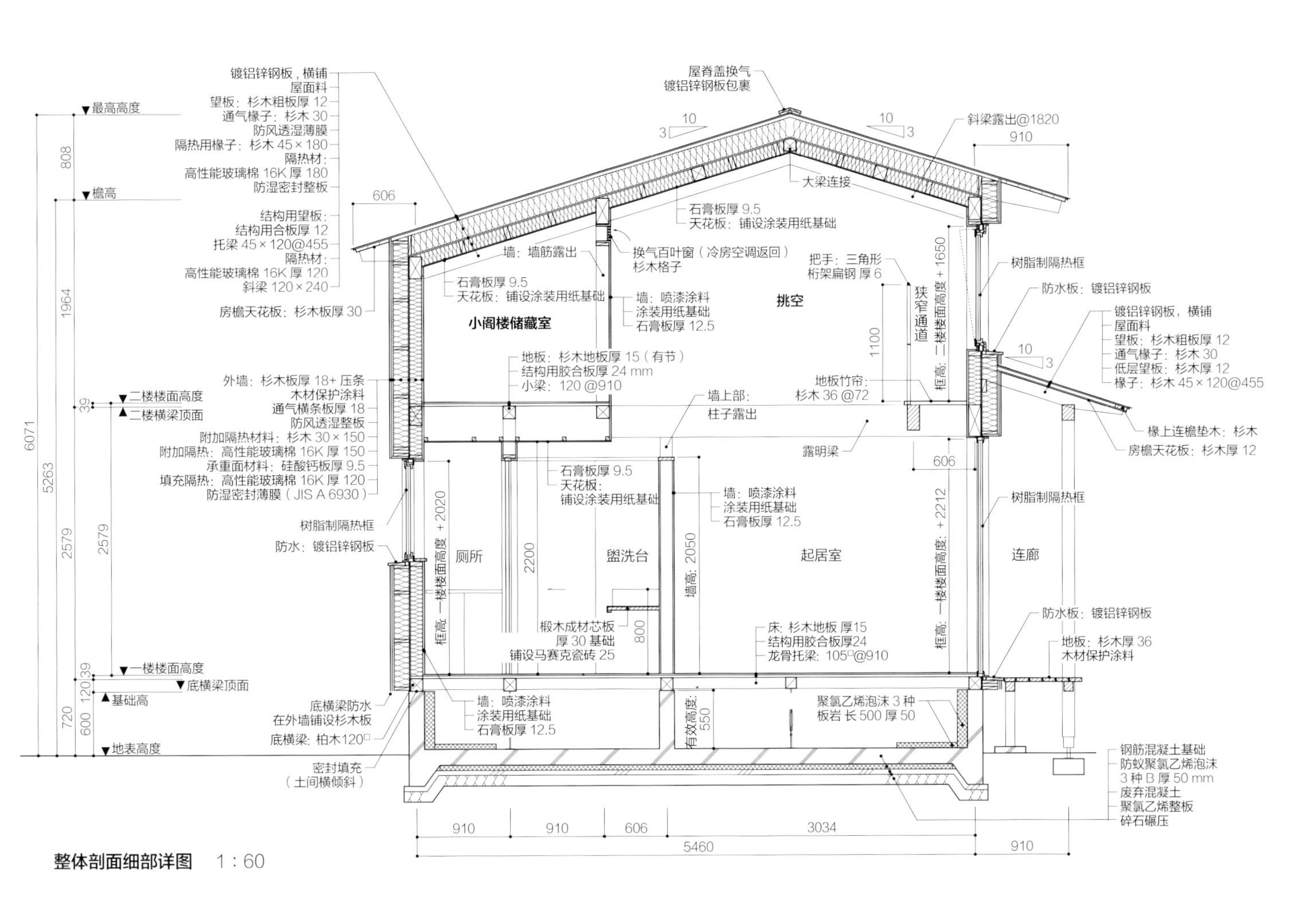

整体剖面细部详图 1：60

可以省略预应力板的屋顶隔热

对于通过胶合板的密封性让施工变得更简单的密封性工程来说，唯一麻烦的是用于屋顶隔热的防湿密封板的施工。如果能够巧妙地运用吹制工法，那么就可以省略掉麻烦的预应力板。

吹制屋顶的玻璃棉隔热

要建玻璃棉隔热屋顶，需要控制椽子的高度，将主屋也纳入隔热设计，这样就可以省去预应力板。屋顶隔热施工应由专业人员负责，隔热工程对密封性精密度的要求很高，吹制玻璃棉的隔热性能优良，因此非常推荐。

（梦・建筑工作室）

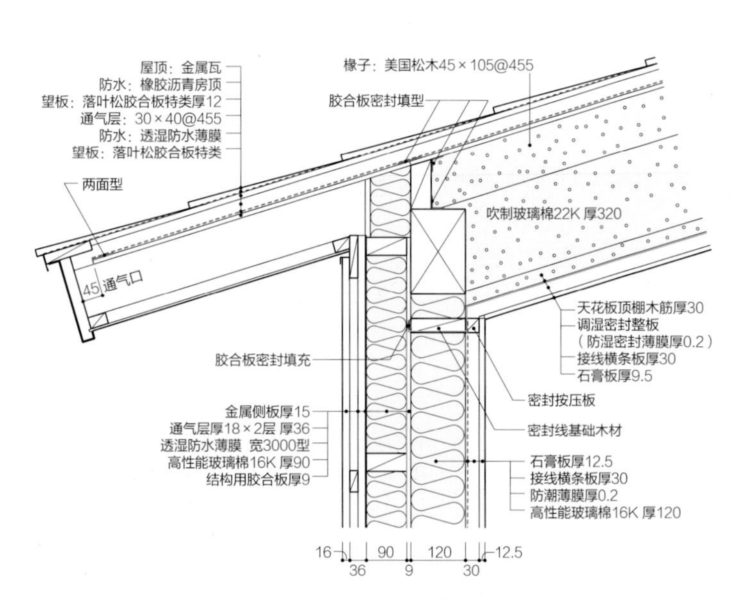

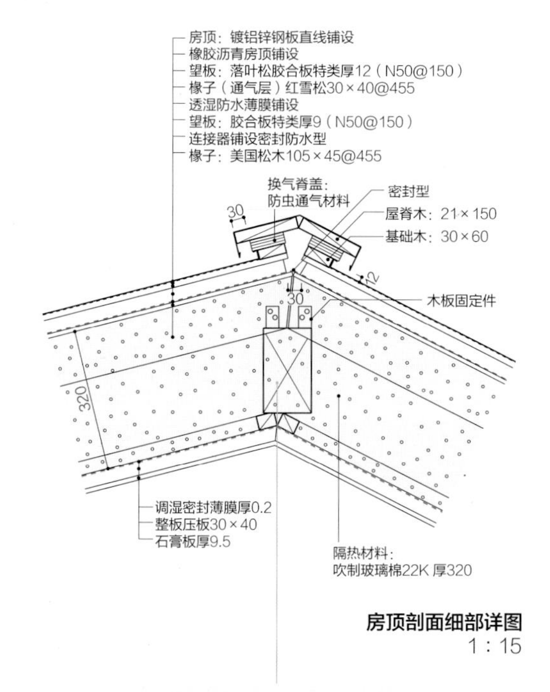

房顶剖面细部详图
1：15

椽子和主屋做了很好的隔热层。

好住法则 79

绿色环保住宅

只需1台空调的全屋冷暖气

若想在隔热性能高的住宅里打造舒适的空间，让整个房间变暖的中央空调是很好的选择。地板下的空间通过暖气加热，暖空气上升让整个房间都变得温暖。

如果将来需要保养或更换的话，空调是最好的选择。

暖气系统的设计思路

在空调正下方的墙壁上设置可以将暖空气通入墙壁内的孔，暖空气通过风扇流到地板下，成为地暖。当需要降温时，空调的使用方法不变。空调通常都是壁挂式设计，保养起来也很容易。

换气地板下供暖系统图

全热交换器

室温24℃

地板温度 24℃

温风吸入

室温24℃

地板温度 24℃

蓄热

地板下风扇

狭窄住宅的地板下暖气

若想尽可能不占用地面空间，用1台空调供应暖气，可以选择把暖风引入地板下的暖气系统。

（木船设计工作室）

好住法则

80

绿色环保住宅

隐藏遮阳板

若想凉爽地度过夏天，外置的遮阳设备必不可少。预算有限时，可以选择遮阳板，直接将其装在窗户外看起来很不美观，最好巧妙地隐藏起来。

内置遮阳板

这是将遮阳板收进房檐里的案例。秋天到春天的这段时间将其收到房檐里面，夏天或很热的时候，把它打开用来遮挡日照。

（梦・建筑工作室）

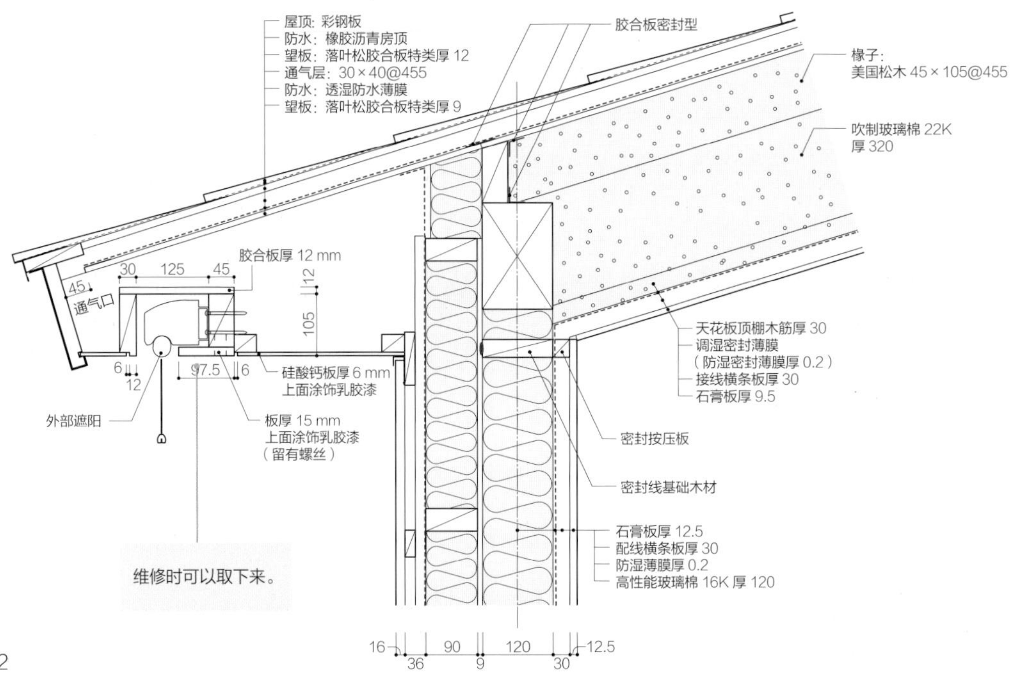

内置遮阳板剖面细部详图 1：12

第6章

抗震设计的8项法则

在日本就住宅性能来说，最重要的就是高抗震性能。
随着近年来各种各样研究、检验的深入以及构造计算软件的普及，
以《品确法性》能表示中的抗震等级3级为最低标准的房屋一直在增加。
本章将介绍住宅的抗震化，以及抗震构件的“好住法则”。

好住法则

81

抗震

同时考虑水平刚性和挑空结构

在结构层面，房屋布局中心总共两层，在四角（玄关一边的角没有计算在内，因此正确的应该是5处）使用直径为150 mm的通柱，用结构混凝土块固定。其他的柱子作为短柱（上下层不连通的柱子），比梁和承梁枋更结实，二楼楼板的70%用来连接上下层，要考虑将垂直负重顺利地传到地基。

在抗震等级3级标准中不可缺少的是地板倍率，二楼地板使用28 mm厚的结构用面材进行固定，同时挑空部分设置在墙壁较多的北侧，尽可能控制不利因素。挑空和楼梯并列，使实际挑空的面积变大了，采光、通风的效果也变得更好，空间也扩大了很多。

（神奈川绿色环保住宅）

盥洗室和更衣室。每个房间都有2.5叠榻榻米大小，里面的更衣室也可以作为室内晾衣间使用。

对二楼天花板高度进行了调整，安装了顶橱，并将隅撑隐藏起来。

房顶：
镀铝锌钢板铺设
沥青房顶22kg
防水结构用胶合板厚12
房顶通气层厚28
挤压法聚氯乙烯泡沫3种厚50
椽子：90×45@ 455 杉木

隔热上部：
通气层厚28

房顶隔热材料：
挤压法聚氯乙烯泡沫3种

出檐 1000　3.0　10　10　4.0　出檐 1000

二楼房檐高度　顶橱　地板：实木板铺设　幕板　718　10　70

墙壁：壁纸铺设　卧室　墙壁：喷漆　楼梯

2475　2000　天花板高2300 mm　儿童房 天花板高 2890　天花板高3076　2358　1820　天花板高2200　950　1200　2420

地板：
地板厚15
石膏板厚12.5
结构用胶合板厚28

一楼房檐高度　二楼楼面高度

房顶：
无涂漆板壁厚14
喷漆
防火认定 木造基础
（屋内侧石膏板厚9.5）
外墙通气层厚15
挤压法聚氯乙烯泡沫厚39
热阻1.2 ㎡ · K /W

70　20　180　90　20　1500

5902　2952　墙壁：喷漆　起居室　墙壁：喷漆　2000　天花板高2545 mm　10　220　200　800　2800

连廊　80　底横梁120 柏木　一楼楼面高度

基础高度　25　防水　450　425　密封填充　682　地表高度

A种串珠法聚氯乙烯泡沫3号厚50（两面）
基础隔热工法 热阻2.7 ㎡ · K /W

抗压盘厚150
一部分：废弃混凝土厚50
聚氯乙烯泡沫
碎石厚120

地板：
地板厚15
杉木实木板厚12
托梁60×45 厚 303 杉木
龙骨托梁105 柏木

埋入基础螺栓
长240

整体剖面细部详图　1：80

从二楼走廊通过挑空看一楼。挑空连接一楼和二楼的空间，让一楼更加明亮。一楼的窗户内侧安装了木质的玻璃板窗。

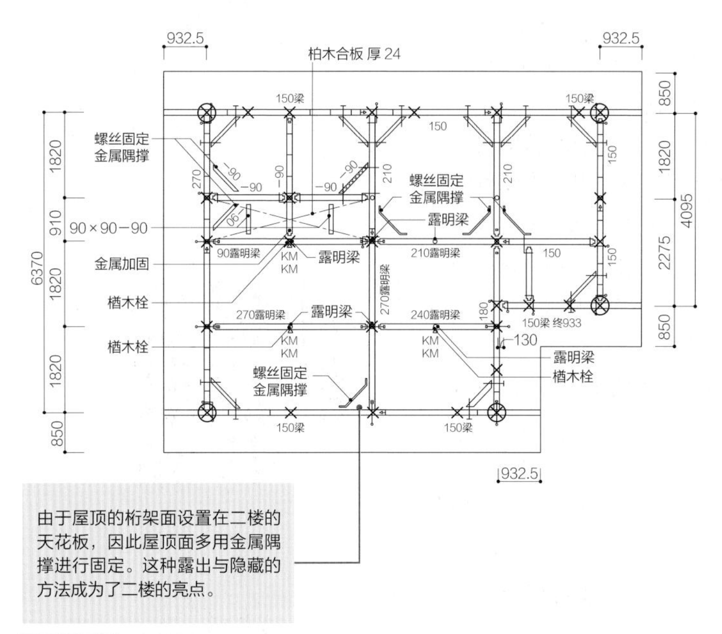

由于屋顶的桁架面设置在二楼的天花板，因此屋顶面多用金属隅撑进行固定。这种露出与隐藏的方法成为了二楼的亮点。

屋顶平面图 1：150

在二楼走廊内侧设置的娱乐空间。这里是可以一边欣赏窗外景色，一边悠闲度过美好时光的地方。

\好住法则/

82

抗震

隅撑的露出设计和隐藏设计

确保布局的自由度，采用空气循环工法（外隔热二重通气工法）的时候，屋顶里层是必要的，因此以屋架和小屋作为基础，屋顶的水平刚性通过望板合板和隅撑等取得。此外，如果在遵照建筑的均衡与斜线限制，控制楼梯高度（建筑物的高度）的同时还想确保天花板的高度，可以在二楼设计有倾斜度的天花板。但抗震等级3级的屋架设置了过多的隅撑，过多地露出隅撑会大大影响空间美感，因此需要把天花板的一部分降低，把隅撑隐藏起来。

（神奈川绿色环保住宅）

儿童房。这里使用的是倾斜天花板，隅撑就这样露在外面。

主卧室。降低窗户一侧的天花板高度，将隅撑隐藏起来，从中间可以看见将天花板升高的梁。

\好住法则/

83

抗震

安装抗震阻尼器提高住宅的抗震性能

在承重墙上设置的抗震阻尼器。

在承重墙的建造中，一楼和二楼的南面装了大面积的落地窗，然后在左右设计倍率高的承重墙，确保墙体的支撑力。为了维持承重墙的性能，在和室设计的拉门以及玄关和起居室内的玻璃门都避开了柱子，安装在了外侧。除此之外，由于起居室的落地窗一共有4扇，可以省略掉中央的墙壁，不过为了使结构更合理，在4扇窗框的中间设置一个柱子，在将2个并排的双槽推拉窗中间的窗框隐藏起来的同时，窗框之间的墙壁也看不见了，这样的外观看起来会更美。

这栋住宅采用的是“GVA”抗震阻尼器。这是户主因特别重视住宅的抗震性能而进行的自主选择，在地震时可以减轻房屋的摇晃。但因为采用的是外置隔热，住宅的墙壁内部是空的，所以设置了对角拉条，这样不但不会引起隔热缺损，还能更容易地安装抗震阻尼器。

住宅的外围设置了隐柱墙，但内部都是按公司的标准设置的明柱墙。就算将柱子和梁露出来，不会让人觉得过时的设计堪称完美。

（神奈川绿色环保住宅）

和室的落地窗和拉门。墙壁上设置了对角拉条，安装了墙壁内置型的拉门。

起居室的墙壁上安装了4扇落地窗。为了确保结构稳固，在中央加上了柱子，同时将窗框隐藏了起来。

\好住法则/

84

抗震

将MOISS面材的多功能性活用到建筑中

佐藤工务店在构造面材和室内装饰材料上多用MOISS。这主要是因为MOISS的结构性能高（墙倍率2.7倍、3.8倍）并有多功能的特性（调湿性、防火性等），同时富有设计感。特别是室内装饰用的MOISS，很多就直接露在外面。像粉刷的墙壁一样形成一种略粗糙的质感和柔和的色调，能和木材进行很好的搭配。

MOISS对施工有非常高的精度要求。不仅对建筑物自身的尺寸以及垂直、水平和斜面的精度有要求，对熟练工人的技术也有要求。同时，边缘部分容易破损，因此要提前做好应对措施，比如用氯乙烯接缝条对外角部分进行保护等。

（佐藤工务店）

只利用几种装饰材料和露出的构造材料进行简单家装

为了防止用MOISS装饰的边缘部分破损，用氯乙烯接缝条进行保护。

加工MOISS的墙壁，在缝隙中设置收放板窗的位置。通过仔细地割断，这样的细节也是可以完成的。

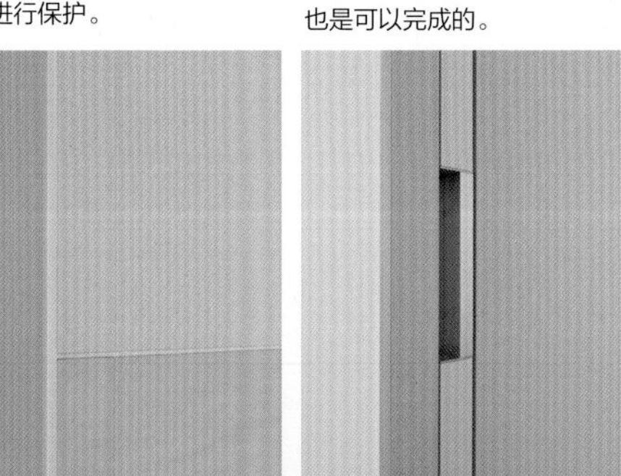

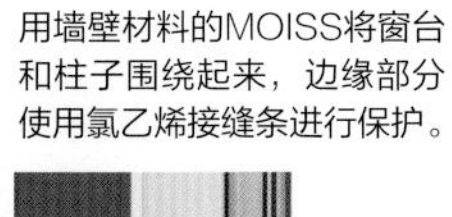

用墙壁材料的MOISS将窗台和柱子围绕起来，边缘部分使用氯乙烯接缝条进行保护。

施工中的MOISS。在外墙底子上使用的MOISS与装饰用的MOISS要分开使用。

从玄关看起居室。玄关的土间地面一直到门槛都铺设着灰浆钢皮抹子进行装饰。墙壁和地板的连接处也铺设着清爽的踢脚线。

上图：考虑到构造材料的断面缺损，佐藤工务店基本上都采用金属配件建造法。
下图：核心部分的承重墙。设置没有空隙的交叉式对角拉条。

为了设置大的窗户，采用了以中央的音响室为核心的支撑方案。音响室的墙壁由有交叉式对角拉条的高倍率承重墙构成，整个住宅所承受的地震波由核心部分来承担。外部也建造了一部分承重墙，通过充分的安全性设计，抗震等级达到了3级。当然，天花板的梁上全都铺着24 mm厚的胶合板，也很好地确保了水平刚性。

将房檐向外伸出1820 mm，遮挡日照并保护连廊的材料。这是通过椽子和挑出梁组成桁架构造的基础来实现的。

（佐藤工务店）

\好住法则/

85 实现大开口的承重墙配置

抗震

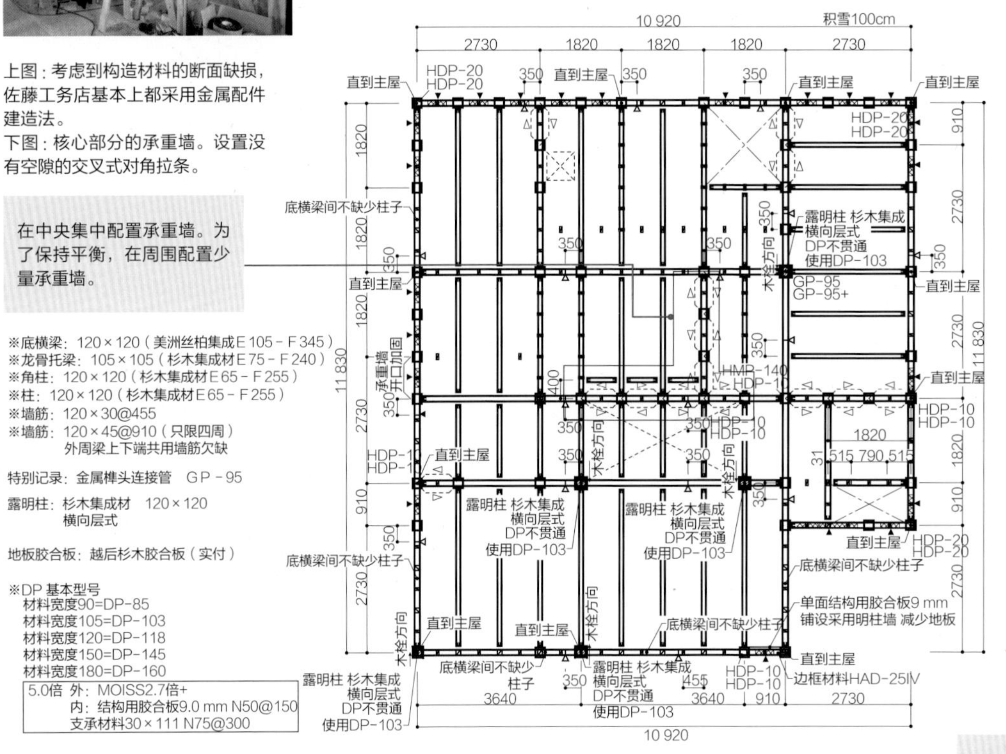

底横梁平面图 1：150

伸出1820 mm左右的屋顶檐头通过桁架结构构成基础。桁架的下弦材还作为檐内的基础。

100
15
101.118
1820
1734.4
70
横穿板 18×105
105
5根－N75
4根－N75
美国松木 45×105
杉木 30×105
248.9
264.6
275.1
400.5

檐头剖面图 1：15

\好住法则/

86 可以将房檐伸出1820 mm的桁架构造

耐震

好住法则

87

抗震

灾害应对型住宅的基础设备

在设计抗震住宅时，首先应该选择并设置比较容易引进的设备。其中之一便是木柴火炉，不需要电或燃气，只需要烧木头就可以让家里变暖和，这种木柴火炉在冬天或是断电、断燃气的时候就成了必不可少的设备。断电、断燃气时，太阳能发电系统无法在夜间工作，可以给简易蓄电池蓄电，留在非常时期使用。

玄关一侧设置了包括食品储藏室在内的灾害时必需品储存空间。为了保证一家人2~3天的食品和用品供给，建议在一定程度上将空间做得大一些。

（冈庭建设）

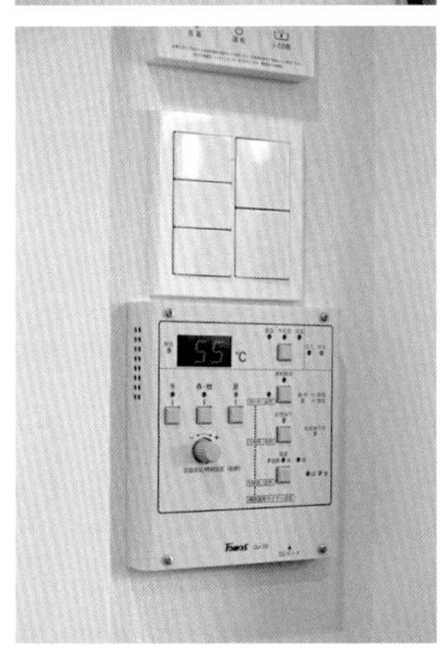

上图：太阳能发电的转换器。通过下面的插口，可以直接用电。
下图：控制太阳能集热板的开关。这栋住宅引进了利用太阳能作为补充暖气的系统。

好住法则

88

抗震

安装简单且高效的储水设备

在抗灾住宅的建造中，建议在二楼天花板内安装储水箱。将其与纯净水的管道连接，经常储存一些新鲜的水，发生灾害或断水时就可以从这里直接取用。

提供生活用水的雨水储水箱可以在室外多设置几个，所有的集水管都可以作为储存雨水的工具，随时储存雨水。

在冈庭建设提供的住宅里也非常推荐安装将自来水设备和生活用水设备放在一起共用的简易装置。

（冈庭建设）

上图：设置在二楼天花板内的与自来水直接连接的供水箱。
左下图：钢制的雨水储水箱。比氯乙烯制的价格更高。
右下图：氯乙烯制的雨水储水箱。

建筑工程公司及设计事务所一览表

建筑师工作室 Pure
地址：爱媛县松山市平井町甲 3-1

饭田亮建筑设计室 +COMODO 建筑工作室
地址：枥木县宇都宫市上桑岛 1465-41

池田组
地址：新潟县长冈市中岛 3-8-5

木船设计工作室
地址：东京都小平市学园西町 2 丁目 15-8

Eco Works
地址：福冈市博多区竹丘町 1-5-38

有机工作室新潟支店
地址：新潟市西区山田 3077

安成工务店
地址：山口县下关市绫罗木新町 3-7-1

扇建筑工作室
地址：静冈县滨松市中区细岛町 10-1

冈庭建设
地址：东京都西东京市富士町 1-13-11

神奈川绿色环保住宅
地址：神奈川县藤泽市辻堂太平台 2-11-5

木香之家设计事务所
地址：岩手县北上市本通 2 丁目 3-44 Miyuki 大厦一楼

宽建筑工作室
地址：横滨市旭区柏町 20-7

佐藤工务店
地址：新潟县三条市高屋敷 65-1

梦・建筑工作室
地址：埼玉县东松山市西本宿 1847

小林建设
地址：埼玉县本庄市儿玉町儿玉 2454-1

三五工务店
地址：北海道札幌市北区北 34 条西 10 丁目 6-21

须藤建设（SUDO HOME 北海道）
地址：北海道伊达市松枝町 65-8

设计岛建筑事务所
地址：宫城县仙台市青叶区八幡 5-6-13

株式会社番匠（建筑部）
地址：静冈县滨松市西区馆山寺町 2831-2

MOLX 建筑社
地址：秋田县大仙市户莳字松之木 113-5

部分图片提供者

佐藤工务店：第8页、第68页、第111页下图
安成工务店：第8页
山本育宪：第10页上图、第10页右图、第12页右图、第21页、第30—31页、第45—54页、第64页、第76页、第80—81页、第94—107页、第111页左中图、第116—129页、第146—147页、第149页、第152—157页、第159页
诹访智也：第10页下图、第15—16页、第19页右上图,第19页左下图、第71页第二段配图、第72页右图、第73页下图、第88—91页
杉野圭：第27—29页、第39页、第66页、第78—79页、第130—135页
斋部功：第32—33页、第61页、第112—115页
矢代照相馆：第34—37页、第62—63页、第144—145页
西山公朗：第40页、第42—43页、第108页
小泉诚：第60页
石井纪久：第136—143页
梦・建设工作室：第110页上图
Livearth：第110页下图
Raphael设计：第111页右上图